小茶人

宋联可◎著

U0235093

化学工业出版社

·北京·

内容简介

本书围绕中国茶文化展开，阐述了我国作为茶的故乡和茶文化发祥地的历史与传承，强调了传承中华茶道的重要性。书中还讲解了成为"小茶人"需要具备的素质和能力，同时介绍了少儿茶道素养等级认定标准和各级别要学习的内容，包括理论知识与实操能力等。孩子们不仅可以学习到茶知识、茶文化，也能增强动手能力，同时还会变得更细心、耐心、专心，与人相处更有礼貌，在学习茶道中不断陶冶情操、提升审美。

图书在版编目（CIP）数据

小茶人 / 宋联可著 . -- 北京 ： 化学工业出版社，2024. 8. -- ISBN 978-7-122-45815-5

I. TS971.21-49

中国国家版本馆 CIP 数据核字第 2024DF5051 号

责任编辑：郑叶琳　　　　　　　　　　装帧设计：韩　飞
责任校对：李　爽

出版发行：化学工业出版社（北京市东城区青年湖南街 13 号　邮政编码 100011）
印　　装：盛大（天津）印刷有限公司
710mm×1000mm　1/16　印张 8　字数 97 千字
2024 年 11 月北京第 1 版第 1 次印刷

购书咨询：010-64518888　　　　　　　售后服务：010-64518899
网　　址：http://www.cip.com.cn

凡购买本书，如有缺损质量问题，本社销售中心负责调换。

定　　价：48.00 元

序 言

嗨，各位小朋友，我是宋老师，也可以叫我"可可老师"，因为我是"萌可可""菜鸟 COCO"的创始人哦！翻开这本书，是不是有些小兴奋？我们离"中华小茶人"更近一步了！

中国是茶的故乡、茶文化的发祥地，我们小茶人当然有责任传承好中华茶道。从四五千年前发现茶，到现在琳琅满目的茶饮料，我们既能感受到一脉相承的茶文化，又能接触到多姿多彩的茶生活。随着祖国日益强大，中华茶道大放光彩，是不是感到特别自豪？当然，想要成为一名真正的"小茶人"，还需要勤奋学习、用心思考、坚持行茶。一旦踏上"小茶人"之路，你会发现，不仅学习了茶知识、茶文化，也增强了动手能力、肢体协调，自己还变得更细心、耐心、专心，与人相处更有礼貌，做事懂秩序与分寸。学茶可以陶冶情操、提升审美，让自己变得心态积极、情绪稳定。通过"6Q 国学堂"（宋联可，国作登字 –2017–L–00422006）里面的检测与培养系统，你会惊喜地发现，通过学茶，自己的德商、心商、体商、情商、美商、智商都得到了提高。

小茶人的成长之路，需要踏踏实实走好每一步。根据标准，少儿茶道素养等级分别为：一级、二级、三级、四级、五级。每一级都要掌握相应的理论知识与实操能力，由浅入深，系统学习中华茶道的知识、文化、技艺。通过每一级的测试后，不仅表明已具备该级的能力，还会获得相应的荣誉称呼：绿茶小茶人（一级）、红茶小茶人（二级）、黑茶小茶人（三级）、白茶小茶人（四级）、煮茶小茶人（四级）、黄茶小茶人（五级）、青茶小茶人（五级）、点茶小茶人（五级）、泡茶小茶人（五级）。如果热爱点茶并决心传承点茶，还可以申请成为非遗宋代点茶小小传承人。这些要学习的内容，都在这本书中进行了介绍。第一、二、九章包含了各级要学习的综合理论知识，一级小茶人重点学第三章，二级小茶人重点学第四章，三级小茶人重点学第五章，四级小茶人重点学第六章，五级小茶人重点学第七、八、九章。本书可以自己翻看学习，也可请自己的少儿茶道教官（通过考评的持证教师）指导学习。欢迎来坐落在天下第一泉中泠泉东侧的宋联可大师工作室咨询、交流，也可以通过微信公众号"非遗点茶"了解相关情况。当然，随心翻阅本书，也是非常不错的，因为这本书通俗易懂，只要看书后对茶感兴趣就好了，因为兴趣是最好的老师。

宋老师的妈妈是小学老师，爸爸曾是中学老师（还曾是小学老师、教师进修学校老师），自己是大学老师。我们一家人虽然面对不同阶段的学生，但我们都很喜欢自己的学生，并珍惜热爱教师这份职业。宋老师通过家传点茶，成为第一位宋代点茶非遗传承人，一直想通过教育体系传承与弘扬中华茶道，不仅已培养了遍布 9 个国家、上百个城市的专业茶人，也一直在为少儿茶道教育做准备。从 2014 年起，宋老师就开始撰写少儿茶道培养系统资料并申请版权，包括成长系统、检测与培养系统、Training System of Mcoco、萌可可师资培养与认证体系等，也在同步着手制订教学计划、教学大纲、教学课件、测评标准、测评体系等，当然，还有这本非常重要的书。这本书的完成，要感谢很多共同为少儿茶道教育事业付出的老师。感谢共同完成第一版少儿茶道教学课件的号明（田启明）、茶华（单华）、论静（赵静）、论唯（赵唯佳）、茶晶（蔡晶晶）、论月（何记）老师；感谢提供茶艺配图的号兰（彭玉兰）、号琴（赵雪琴）、曰蓉（刘建蓉）、曰宏（张宏星）、茶仙（王凤仙）、论莲（海青莲）、论知（吴慧）、论静（赵静）、人奕（战云）、人怡（彭勤）、人容（崔颖）、人佳（肖冰）、人然（崔宇）老师等；感谢提供茶品茶器配图的号兰（彭玉兰）、号琴（赵雪琴）、曰蓉（刘建蓉）、茶仙（王凤仙）、茶容（涂书容）、论知（吴慧）、人怡（彭勤）、人奕（战云）、人然（崔宇）、人泠（陈晓芬）老师；特别感谢专门配图的论知（吴慧）、论唯（赵唯佳）、人然（崔宇）、人怡（彭勤）老师等。感谢参与校对的曰波（周明波）、号琦（刘琦）、茶华（单华）、茶阳（杨阳）、论唯（赵唯佳）、论凡（吴洁玲）、论静（赵静）、论仁（黄林彩）、人琳（刘胡玲）、人然（崔宇）、人泠（陈晓芬）、恬乐（周典典）老师等，特别是论仁（黄林彩）、恬乐（周典典）、论静（赵静）老师对所有茶叶名片进行了详细修改。还要感谢现在进行第二期课程开发的号明（田启明）、茶华（单华）、茶阳（杨阳）、论凡（吴洁玲）、论月（何记）、论畅（苏畅）、人雅（王亚茹）、人琳（刘胡玲）、人然（崔宇）、恬乐（周典典）老师，以及积极参与少儿茶道教育工作的曰波（周明波）、论仁（黄林彩）、人艺（邱清和）、人雅（王亚茹）等老师。他们都是宋老师非常优秀的弟子，通过严格系统的传承师资班学习，他们已是或将是少儿茶道教育界的优秀教师、杰出教师。想感谢的人非常多，以上人员是实实在在参与少儿茶道教研工作的老师。除此还想感谢我的家人、老师、同事、朋友、弟子、学生……就不一一在此言谢。我将努力做好少儿茶道教育事业，不负各位所愿所托。

　　各位小茶人，翻看书的那一刻起，我们就一起走进了茶道。让我们共同努力，让中华茶福泽百姓、走向世界。

宋联可

二〇二四年一月八日

于宋联可大师工作室

目录

第一章

一起探寻茶文化

茶从哪里来

中国是茶叶的故乡和发源地，中国人的饮茶历史十分悠久。

在我国的典籍中曾有这样的记载，神农尝百草，日遇七十二毒，得茶而解。茶即为茶。神农为中国的农业之神，因为他尝茶解毒，所以神农也被称为茶祖。关于神农为茶祖的说法，陆羽在其著作《茶经》中也有描述："茶之为饮，发乎神农氏。"

传说神农长着一副水晶肚，他吃到肚子里的东西都可以看得一清二楚。神农为了救治百姓，曾遍尝百草。有一次神农不小心尝到一种毒草，突然感觉身体有些麻木，于是急忙揪下身边一棵树的叶子放到口中咀嚼。结果发现，这些小小的树叶在他的五脏六腑内游走，同时还把脏腑内的毒素和脏东西都清理了一遍，就像什么东西在身体里巡查了一遍似的。之后，神农身体的麻木感逐渐消失，身体也觉得十分清爽，于是就发现了这种神奇的树叶。

后来，神农便把那种树的叶子随身携带，每次中毒都靠这种树叶来解毒。据说，最严重的时候，神农曾一天中毒七十二次，全靠这种树叶来解毒。

在之后的很长一段时间内，这种树叶都被当作药材来使用。

随着人们生活环境的逐步改善和经济文化水平的不断提高，到了3000多年前的周代，人们开始种植茶树，而且也逐渐养成了煎煮饮茶的习俗。

虽然关于用茶、种茶的历史十分悠久，但是关于茶文化的专业论述和研究，直到唐朝时才出现。《茶经》是世界上第一部茶叶专著，里面总结了丰富的种茶、制茶、煮茶、饮茶的知识和经验，对中国茶业和世界茶业的研究和发展做出了巨大的贡献。

　　陆羽是唐朝复州竟陵（今湖北天门）人，一生热爱茶、研究茶，对茶的性状、品质、产地、栽培、育种和采制技术十分精通，而且还善于煮茶和品茶，甚至对茶的器具也有深入研究。他对茶的研究经验都总结在《茶经》一书中。陆羽被后人誉为"茶仙"，尊为"茶圣"，祀为"茶神"。

古人是怎么喝茶的

现代人提到茶，立刻就会想到"喝茶"。其实茶最初并不是用来喝的，茶最初是作为药材来用的，人们认为吃茶可以解毒或提神醒脑。古时的人们还把茶叶作为祭品，敬献给祖先和神明享用。后来才渐渐发展为将茶叶放到水中煮。之后，人们又觉得通过这种方法喝茶味道过于苦涩，于是人们不断地改良喝茶的方法。

到了西汉时期，人们把茶叶和葱、姜、枣、橘皮等一起放到锅中加水熬煮，煮好之后，把汤盛到碗中饮用。这种方法可以掩盖茶叶本身的苦涩口感。有些地域则把茶和米、肉及其他配料混在一起煮，煮成浓稠的粥状，所以称之为茶粥或茗粥。

总之，由于各地生活习惯的不同，人们对茶的使用方式也不尽相同。不过，在唐以前，人们往往只看中茶的药用价值，称不上是真正的喝茶、品茶。而且，当时北方人还是习惯食用牛羊乳，只有南方人吃茶。

到了唐朝，茶文化得到大力发展，饮茶甚至成为一种风气。茶圣陆羽认为之前的煮茶和喝茶方式都太过粗糙，破坏了茶本身的香味，于是他创立了"三沸煮茶法"。

根据陆羽《茶经》中的记载，宋联可博士梳理出"唐代煮茶行茶十二式"，分别是：

第 一 式：陈经座隅（挂画）

第 二 式：精行俭德（清心）

第 三 式：人工至妙（备器）

第 四 式：净炭劲薪（取火）

第 五 式：南方嘉木（备茶）

第 六 式：气熟柔止（炙茶）

第 七 式：内圆外方（碾茶）

第 八 式：罗末贮之（罗茶）

第 九 式：山水涓涓（取水）

第 十 式：三沸育华（煮茶）

鱼目调盐（一沸）涌泉下末（二沸）腾波止之（三沸）

第十一式：置碗均沫（酌茶）

第十二式：啜苦咽甘（饮茶）

中国茶史有"茶兴于唐，盛于宋"的说法。继唐代煮茶之后，宋代点茶开始登上历史舞台，并在中国茶道史上留下了浓墨重彩的一笔。简单地说，点茶是将点茶粉投入茶盏中，以饮用水冲点，用茶筅快速击打，使点茶粉与水充分交融，在茶汤表面留存大量沫饽的过程❶。点茶是宋代饮茶的主流形式，这种饮茶方式曾传至日本和朝鲜半岛，对日本抹茶道和高丽茶礼都产生了较大的影响。

根据宋徽宗《大观茶论》等宋代茶书，宋联可博士梳理出"宋代点茶行茶十式"，分别是：

第一式：盛以雅尚（迎客）

第二式：号曰茶论（清心）

第三式：人恬物熙（备器）

第四式：玉之在璞（赏茶）

第五式：碾力而速（碎茶）

第六式：罗轻而平（罗茶）

---

❶ 宋联可，唐恒，李传德，等 .DB3211/T 1011—2019 非物质文化遗产 点茶操作规范 [S]. 镇江市地方标准，2020.

第七式：励志清白（洁器）

第八式：烹点之妙（点茶）

第九式：啜英咀华（饮茶）

第十式：盛世情尚（文会）

到了明清时期，泡茶法开始盛行。明清泡茶法包括备器、选水、取火、候汤、泡茶五大环节。这一时期，人们还设计发明了专门供茶道用的茶寮。茶寮的发明是明清茶人对茶道的一大贡献。除绿茶外，明清两朝在黑茶、花茶、青茶和红茶等方面也得到了全面的发展，茶的种类林林总总。

不同茶有不同的茶艺。以绿茶为例，根据绿茶冲泡特性，宋联可博士梳理出"绿茶行茶十式"，分别是：

第一式：万事俱备（备器）

第二式：日月入怀（备水）

第三式：坦腹东床（赏茶）

第四式：秋风过耳（温杯）

第五式：山中宰相（置茶）

第六式：水漫金山（浸润）

第七式：闻鸡起舞（摇香）

第八式：中流击楫（冲泡）

第九式：千载难逢（奉茶）

第十式：一片冰心（品饮）

随着社会生活的发展以及科技的进步，当代人的饮茶方式更趋向于生活化、大众化、便利化和多样化，主要有清饮、调饮，包装上则有袋泡茶、罐装茶等不同方式。

在进行社交时，倒茶、喝茶都有礼可循。关于这些礼仪，你知道哪些呢？

1. 喝前洗茶器

在喝茶前要细心冲洗茶器，保证茶器清洁。而且即使茶器是干净的，也要在客人面前用开水烫一下茶壶和茶杯，以体现主人的礼貌和卫生。

2. 倒茶要有序

为客人倒茶时，要根据客人的辈分、地位高低依次去倒；如果客人辈分地位相当，则可以按从左至右的顺序去倒。

3. 斟茶斟七分

俗话说："茶要浅，酒要满。"为人倒茶时只要七分满即可，因为茶水太烫，而且太满易溢，客人没办法拿起来喝。后来人们又把这种茶礼延伸为与人相处要留有余地，这样彼此才更加和气。

4. 续茶应及时

身为主人要及时为客人续茶，不能让客人的茶见底，除非客人明确要求不需要再续了。及时续茶暗含着挽留客人慢慢饮、慢慢叙的意思。如果你有急事，不便留客人慢饮，那便不再续茶，通常客人会明白你的意思。

5. 壶嘴不对人

壶嘴形状较尖，不要对着客人，也不要对着自己，可以根据座位调整壶嘴方向。一般情况下，任何形状较尖的物品都不要对着他人，比如喝茶时的茶锥、茶夹等。

6. 递杯不碰沿

如果需要端起茶杯递给别人，一定要双手端杯，而且手只能接触茶杯的中间或底部；如果是有杯耳的茶杯，通常是用一只手抓住杯耳，另一只手托住杯底。千万注意一定不要碰到杯沿，以免让人觉得不卫生。

7. 喝茶需叩手

当别人为我们倒茶时，我们需要行叩手礼。具体如何行礼分以下几种情况。

第一种：当长辈给晚辈倒茶时，晚辈要将五指并拢成拳，拳心向下，五个手指同时敲击桌面（代表五体投地跪拜礼），一般敲三下。

第二种：平辈之间的叩手礼同样要拳心向下，不过只需食指、中指并拢伸出敲击桌面（代表双手抱拳作揖），一般也敲三下。

第三种：当晚辈为长辈倒茶时，长辈用食指或中指轻微敲击桌面（代表点头），如果想表示对晚辈的特别欣赏，可敲三下。

你知道哪些有趣的茶文化

中国是茶的故乡，也是茶文化的发源地。中国的茶文化不仅历史悠久，而且已经传遍全球。茶文化的出现和发展并不是孤立的，是多种文化的融合，与政治、经济、生活、哲学及宗教都有一定的关联。茶文化不仅是一种饮食习惯或文化现象，更是一种人文精神的体现。不同的国家和民族有不同的茶文化，中国的茶文化是中国文化礼仪的一种反映。

茶文化包括茶道、茶诗、茶歌、茶艺、茶器等许多方面。

1. 茶道

茶道，品茶以悟道。关于茶道的理解有很多，我们可以把它看成一种以茶修身的哲学思考，也可以看作一种以茶为媒的生活方式。在唐宋时期，喝茶非常讲究规矩和礼仪，后来茶道又被赋予了哲理、伦理和道德等。所以说，茶道，其实是以茶载道。中华茶道精神"致清导和"，蕴含着六清（清静、清洁、清雅、清美、清明、清心）与六和（和乐、和口、和睦、和平、和善、和合）。

2. 茶诗

关于茶的诗有很多，其中最著名的就是被尊为茶中亚圣、茶仙的唐朝诗人卢仝的《七碗茶歌》[1]：

一碗喉吻润，二碗破孤闷。

三碗搜枯肠，惟有文字五千卷。

四碗发轻汗，平生不平事，尽向毛孔散。

五碗肌骨清，六碗通仙灵。

---

[1] 此诗为《走笔谢孟谏议寄新茶》一诗的一小段，因其太过精彩，后人将其单列出来命名为《七碗茶歌》独自成篇。——编者注

七碗吃不得也，唯觉两腋习习清风生。

3. 茶歌

茶歌是一种传统的民间歌舞体裁，是人们在劳动过程中派生出来的一种中国茶文化。有些茶歌由文人的作品或民谣演变而成，有些则是劳动人民自己创作的。较为著名的如《采茶歌》《茶山小调》等。

4. 茶艺

茶艺常常和茶道相混淆。其实茶艺重在技艺，而茶道则是以茶来参悟人生大道。简单地说，茶艺偏技艺与艺术。早在唐代，陆羽就在《茶经》中对选茶、蓄水、煮茶、品茗等各个环节制定了一整套茶艺程序。

5. 茶器

茶器就是喝茶的器具，也称为茶具。通过茶器，人们可以更为直观地感受到茶艺的氛围、感悟茶道，使喝茶的过程更富美感和舒适感。所以茶器也是茶文化的一个重要组成部分。

与茶有关的典故，你们知道哪些呢？下面这些典故，大家是否听说过？

1. 达摩眼皮变茶树

传说菩提达摩从印度来到中国，发誓九年不睡，进行禅定。前三年，非常顺利。可是后来达摩感觉体力渐渐不支，终于有一天实在忍不住睡着了。醒来后，达摩感到十分羞愤，于是割下了自己的眼皮，随手扔到地上。结果在他扔掉眼皮的地方居然长出了一棵小树，小树枝叶茂盛，生机盎然。在这之后的五年，达摩一直保持着清醒的头脑，可是在离誓言达成还差一年的时候，达摩又觉得困乏难忍。他伸出手摘下那棵小树的叶子放到口中咀嚼，没想到立刻觉得十分清醒。最后，达摩终于实现了自己的誓言。传说中达摩眼皮变成的那棵树即为茶的始祖。这个传说自然当不得真，但茶叶具有提神醒脑的功效，却是实实在在被人们所证实的。

2. 茶是"苦口师"

茶可以称为茗，也可雅称为"苦口师"。茶稍有苦味，也正因此，才能达到清心醒脑的作用，"苦口师"的称号也正源于此。不过关于"苦口师"这一称号，其实还有着这样一个典故。

晚唐时的著名诗人皮日休，有一个儿子名叫皮光业。皮光业自幼聪慧敏捷，文才卓越，曾官拜丞相。

据说，皮光业十分喜欢喝茶。有一次，皮光业的一位亲戚邀请他赴宴品尝新摘的柑橘，结果皮光业进门时并没有急着品尝味道甘美的柑橘，对筵席上的美味佳肴也不甚感兴趣，而是急着让侍者奉上一碗茶汤。皮光业手拿茶碗，高兴地吟道："未见甘心氏，先迎苦口师。"

从此之后，"苦口师"便成了茶的一种雅称。

3. 吃茶去

吃茶去，是很普通的一句话，但在佛教界，却是一句禅林法语。

唐代赵州观音院高僧从谂禅师，人称"赵州古佛"。他喜爱茶饮，到了唯茶是求的地步，因而也喜欢用茶作为机锋语。

据《广群芳谱》引《指月录》载："有僧到赵州，从谂禅师问新到：'曾到此间么？'曰：'曾到。'师曰：'吃茶去。'又问僧，僧曰：'不曾到。'师曰：'吃茶去。'后院主问曰：'为甚么曾到也云吃茶去，不曾到也云吃茶去？'师召院主，主应喏，师曰：'吃茶去。'"

这段记载说的是曾有两位僧人从远方来到赵州，向从谂禅师请教佛法。从谂禅师问其中一位僧人："你曾经来过这里吗？"这个僧人回答道："我曾经来过。"从谂禅师说："吃茶去！"

接着从谂禅师又问另一位僧人："你曾经来过这里吗？"这个僧人回答道："我没有来过。"从谂禅师又说："吃茶去！"

寺院中负责引领那两名僧人的院主不解地问："为什么来过这里的僧人，你让他吃茶去，而没来过这里的僧人，你还是让他吃茶去呢？"从谂禅师叫了一声院主的名字，院主应了一声，从谂禅师又说："吃茶去！"

从谂禅师以"吃茶去"作为悟道的机锋语，对佛教徒来说，既平常又深奥，或许是让我们保持一种淡泊淡定的心态，或许是提倡人们去接触、去体验。总之，生活中有茶，茶中亦有禅。

第二章

走进茶的世界

初识六大茶类

有关茶的文化我们已经有了一些简单的了解。茶到底是什么？所有名字中有茶的植物都可以制作出真正的茶叶吗？花茶到底是花还是茶？传说中神农咀嚼的那片叶子和其他树的叶子有哪些不同？

要想弄清楚以上问题，让我们来了解茶树的特征吧！我们首先要了解什么是茶树。茶树是一种树，属山茶科山茶属，是多年生的木本植物。茶叶，顾名思义，自然是茶树的叶子，而所谓的菊花茶和金银花茶等连一片叶子都没有，所以它们只是花而不是茶。

另外，我们还要明确一点，茶树与其他树的区别主要在于叶子的不同。茶树的叶子与普通树的叶子相比，最大的不同在于，茶树的叶子含有的物质及其比例，让它有奇妙的滋味和很好的保健作用。

茶之叶

茶树的叶子为单片互生，由叶柄和叶片组成。

叶片主脉明显，侧脉呈密闭状，边缘有锯齿，叶肉突起。

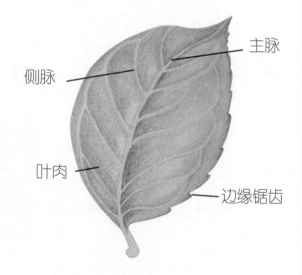

主脉

侧脉

叶肉

边缘锯齿

［绘图：姚昕彤，女，15 岁（第 140 位记名 人若老师的侄女）］

14

能够识别茶树与普通树之后，我们继续走进茶的世界。此时我们又会发现，茶的种类真的太多，简直令人眼花缭乱。如果能掌握具体的分类方法，对于我们认识茶、了解茶，具有非常重要的作用。

如果按照树形来分的话，茶树可以分为灌木型、小乔木型和乔木型。

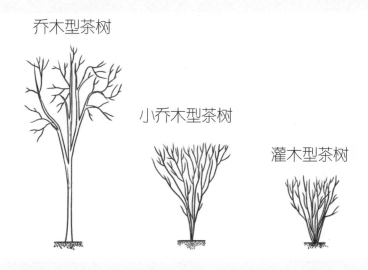

乔木型茶树

小乔木型茶树

灌木型茶树

如果按叶子的形状和叶片面积来分，茶树又可分为特大叶种茶、大叶茶、中叶种茶和小叶种茶四大类。

我们通常所说的绿茶、红茶、白茶等这些并不是指茶树的种类，而是指茶叶的种类。茶叶的种类有很多，通常按照茶的色泽与加工方法分为以下六大类：绿茶、白茶、黄茶、青茶（乌龙茶）、红茶、黑茶。也就是说，同一株茶树的叶子，按照不同的加工方法加工，既可以加工制作成红茶，也可以加工成绿茶或白茶等。

以上六大茶类根据发酵程度的不同，依次为：不发酵的绿茶、微发酵的白茶、轻度发酵的黄茶、中度发酵的青茶（乌龙茶）、全发酵的红茶以及后发酵的黑茶。发酵程度越高，茶性越温和，脾胃不好的人喝起来会更舒服；发酵程度低或不发酵的茶，茶性较寒，脾胃差的人要少喝。

不同类别的茶，其特点和工艺等各方面都不尽相同，有关这方面的知识我们后面几章会详细介绍。

异彩纷呈的茶器

在茶界有这样一句老话："器为茶之父，水为茶之母。"茶器不仅仅是盛茶的器具，还可以为人们带来美好的视觉感受，正所谓"器具精洁，茶愈为之生色"。

陆羽在《茶经》中汇总了二十五种/组茶器，分别是：风炉和灰承（生火煮茶用）、筥（jǔ）（盛物用）、炭挝（碎炭用）、火筴（夹炭用）、釜（煮水煮茶用）、交床（放釜用）、夹（夹茶用）、纸囊（贮茶用）、碾和拂末（碾茶、拂茶末用）、罗合（筛茶、贮茶用）、则（量茶用）、水方（贮生水用）、漉水囊（过滤水用）、瓢（盛水用）、竹筴（搅拌用）、鹺簋（cuó guǐ）和揭（贮盐、取盐用）、熟盂（贮热水用）、碗（品茗用）、畚（贮碗用）、札（洗茶器用）、涤方（贮洗涤后的水用）、滓方（放沉渣用）、巾（清洁茶器用）、具列（陈列茶器用）、都篮（收纳茶器用）。

茶器种类繁多，其中最为著名的茶器当然是被称为"茶室四宝"的宜兴孟臣壶、景德镇若深杯（若深瓯）、潮阳红泥炉、枫溪小砂铫。下面我们将一一介绍。

1. 宜兴孟臣壶

孟臣壶是喝茶的主泡器，由明代制壶名匠惠孟臣首创，因此而得名。此种壶产自宜兴，属于紫砂壶的一种。紫砂壶具有如下特点：

——双气孔结构，能"提香、蕴香"，聚温，适合泡味道浓郁、醇厚的茶，如乌龙茶、普洱茶等。

——可养包浆，常用茶水淋壶，茶壶会愈加温润。

——"三山齐平"，壶嘴、壶口、壶把水平一线，将壶倒置，依然能保持平稳。

——气密性强，即使盛夏，茶质也不易放坏。

孟臣壶个头较小，但造价高昂，后人仿造其形态及特点制成更适用于人们日常使用的茶器。

2. 景德镇若深杯

若深杯是品茗杯，产自景德镇，杯底有"若深珍藏"四个字。古代有"壶必孟臣，杯必若深"的说法，但现在的若深杯多为仿制。若深杯的特点可以用四个字来概括——"小、浅、薄、白"。其中"小"指其个头小巧，一口喂饮；"浅"指底平口阔，不易烫手；"薄"指质薄如纸；"白"指瓷白如雪，可衬茶色。

3. 潮阳红泥炉

红泥炉是烧水用的木炭炉，选用粤东优质高岭土作为原料，不易烧裂。从唐宋时期人们就喜用红泥炉烧水，但随着科技的发展，现代茶室中更喜欢用更加安全便捷的电陶炉。

4. 枫溪小砂铫

砂铫是煮水的器具，古称玉书碨，可用红泥或白泥制成，其中白泥砂铫质地更佳。砂铫盖子较轻，水煮沸的时候，壶盖会轻轻浮起落下，并发出声音，可提醒人们水已沸、泡茶时间到了。

"水为茶之母"，想要喝到一杯好茶，不仅要使用合适的器皿，还要选择优质的水。陆羽在《茶经》中提到"其水，用山水上，江水中，井水下"。而明代的张大复曾说："茶性必发于水，八分之茶，遇十分之水，茶亦十分矣！"由此可见水对茶的重要性。

适宜泡茶的水如果能同时满足以下四个条件，那才可以称为"十分之水"：第一，水源要好；第二，水质要清；第三，水味要甘甜；第四，水品要轻。

陆羽提到的"山水"指山中泉水。泉水满足了上面的所有条件，可以说是最适宜泡茶的水。在我国，适合泡茶的泉水有很多，而且有许多被称为天下名泉，如：

1. 镇江中泠泉

江苏省镇江市金山寺外的中泠泉也被称为中零泉，被唐代品泉家刘伯刍评为"天下第一泉"。中泠泉在唐代时就名满天下，唐代煮茶名作《煎茶水记》的作者张又新也认为中泠泉的泉水可称为天下第一。

2. 庐山谷帘泉

庐山康王谷的谷帘泉被陆羽称为"天下第一泉"，位于江西著名风景区庐山南山中部偏西。

3. 北京玉泉

清代乾隆皇帝称北京玉泉为"天下第一泉"，而且还将《御制玉泉山天下第一泉记》的碑石立于泉边。据说这里的泉水"水清而碧，澄洁似玉"，因此而被称为"玉泉"。北京的玉泉山也是因为玉泉而得名。清朝时，皇宫内的用水都取自玉泉。

4. 济南趵突泉

山东省济南市市中心有个"天下第一泉"风景区，里面包括趵突泉、黑虎泉、五龙潭三大泉群在内的诸多风景，其中以趵突泉为核心。趵突泉是济南七十二泉之首，也曾被乾隆皇帝称为"天下第一泉"。

5. 碧玉泉

碧玉泉又名安宁温泉，是国内唯一的碳酸钙镁温泉，位于云南省安宁市螳螂川右岸。碧玉泉虽为温泉，却可以喝，而且非常好喝。明代著名学者杨慎手书"不可不饮"，并称此泉为"天下第一汤"，徐霞客也称赞此泉为"第一池"。

6. 玉液泉

玉液泉位于山东泰山的悬崖峭壁之下、石洞深穴之中，冬温夏凉，水质清澈晶莹，如琼浆玉液，因此得名玉液泉。古人称之为"泰山神水"，现在也是我国著名的天然优质泉水。

7. 惠山泉

惠山泉位于江苏省无锡市惠山，也被称为陆子泉。传说茶圣陆羽亲自到此品尝，因此得名陆子泉。陆羽称此泉为"天下第二泉"，仅次于"天下第一泉"庐山谷帘泉。

8. 虎跑泉

虎跑泉位于浙江省杭州市西南的慧禅寺内。据说这里原本并没有泉水，后来有两只老虎刨地涌出清澈的泉水，所以被称为虎跑（刨）泉。慧禅寺也因虎跑泉而被称为虎跑寺。

9. 兰溪泉

兰溪泉位于湖北省黄冈市浠水县兰溪镇三泉村，陆羽称此泉为"天下第三泉"。

我国各地名泉还有很多。不过泉水虽好，却很难得。日常生活中，如果我们无法取到泉水，那么可以用纯净水和矿泉水来代替泉水泡茶。虽然泡出的茶水味道不如自然山泉那么好，但取用方便，而且比起自来水来说还是不错的。至于江水、井水等，由于水质不清且含盐量较大，并不适合泡茶。而古人推崇的"天水"即雨水和雪水等，由于现代存在一定程度的环境污染，也不适合泡茶。

会喝茶才能喝好茶

　　做任何事都要讲究原则，饮茶也一样。只有遵循科学的原则，才能喝出健康、喝出品位。根据无数人的喝茶经验，我们总结出如下喝茶原则：

1. 温度要适宜

　　喝茶的温度最好在 50~60 摄氏度之间，因为这种温度更适宜人的食道黏膜的耐受度。如果温度太高，会烫伤口腔或食道黏膜；如果温度太低，茶叶的香气和味道则不能得到最大程度的展现。

2. 饮量要合适

　　茶叶中含有茶多酚和咖啡因，茶多酚具有抗氧化、抗炎、抗菌的作用，而咖啡因则能起到提神醒脑、促进血液循环的作用，适度饮茶有助促进调节身体机能。但是，茶多酚摄入过多，则会增加人的身体负担，所以喝茶如果过量，会导致身体不适。一般来说，每天的饮茶量不要超过 15 克。

3. 浓淡应适度

　　茶汤的浓度会直接影响茶的口感，而且与茶本身的性质及人的习惯也有关系。有些人喜欢喝浓茶，觉得浓茶更能体现茶香，而且可以提神醒脑、清理肠胃。浓茶确实具有清热解毒、提神醒酒、消食解腻、消炎抗菌的作用，因此身体燥热、经常吸烟饮酒或饮食油腻的人可以喝一些浓茶。

　　但也有很多人不适宜喝浓茶，比如身体虚弱、肠胃寒凉的人。空腹的人也不适合喝浓茶。

4. 时间要讲究

　　从季节上来说，春、夏、秋、冬每个季节的特点不同，喝茶的讲究也不同。用一句口诀来概括就是"春花、夏绿、秋乌、冬红"。具体如何饮用，如下所述：

春季阳气上升、阴气下降，身体内热积贮，应喝升发阳气、疏肝养气的茶。花茶具有促生阳气、散发寒邪的作用，适宜春季饮用。

夏季多雨闷热，出汗较多，应多补充水分，绿茶具有清热解暑的功效，适宜夏季饮用。

秋季天干气燥，适合饮用性质平和的乌龙茶。

冬季寒冷，人体新陈代谢迟缓，比较适宜喝性质偏暖的红茶。

另外，就日常饮茶来说，喝茶宜早不宜晚，晚上睡前最好不要喝茶，尤其是浓茶，以免影响睡眠。早上喝茶可以帮助人们提神醒脑，增加人体抵抗力，但是空腹喝茶会刺激肠胃，所以最好不要空腹喝茶。

5. 因人而异

除了以上四个原则之外，喝茶还有一个重要原则，那就是要因人而异。每个人的体质不同，饮茶的种类与方式也各不相同。

中医认为，容易上火的人，是因为体内热气旺盛，经常会口干舌燥、咽喉干痛、口舌生疮、两眼红赤，这类人体内热气太重，适宜饮用具有清热功能的绿茶；体质虚寒的人则适合喝红茶和普洱茶；经常用眼的人，可以多喝菊花茶和枸杞茶。

总之，喝茶因人而异，我们要根据自己的身体特点和不同茶的性质去适度、适量饮用。适合别人的，不一定适合自己；适合自己的，才是最好的。

琳琅满目的茶点

茶点一般指在茶道中分量较少的食物，是茶文化发展过程中配合饮茶而逐渐兴起的一类点心。茶点一般式样精致、口味多样，量较少，但质量较优。

按照食材划分，常见的茶点主要有干果类、鲜果类、糖果类、花卉类、点心类和菜品类。

1. 干果类茶点

干果通常指硬壳而水分少的果实，常见的干果类茶点主要有瓜子、花生、栗子、杏仁、松子、梅子、枣子、杏干、开心果等。

2. 鲜果类茶点

鲜果类茶点指将各种新鲜的水果切成小粒，或拌上沙拉酱，在喝茶时搭配食用。根据不同的季节，人们可以选用相应的水果，比如春天可以选苹果、香蕉、橙子、樱桃，夏天可以选西瓜、木瓜，干燥的秋冬季节则可以食用生津止渴的梨子、葡萄等。

葡萄类茶点

（图片来源：第 56 位入门人奕）

猕猴桃类茶点

（图片来源：第 56 位入门人奕）

3. 糖果类茶点

糖果类茶点主要有芝麻糖、花生糖、软糖、酥糖、冬瓜糖等。

4. 花卉类茶点

花卉类茶点，是指以花卉为原材料制作的茶点，如桂花糕、鲜花饼、鲜花蜜饯、玫瑰甜羹等。

一枝斜 香如故

（图片来源：第 141 位记名 人佳）

5. 点心类茶点

点心类茶点主要有紫薯糕、麻团、艾窝窝、肠粉、虾饺、蒸饺、煎饺、烧卖、蛋挞、米线、绿豆糕、山药糕等。按照地域来分，较为出名的点心类茶点主要有京式点心、广式点心、扬州点心、港式点心等。

其中始创于 1885 年的富春茶点被认为是淮扬茶点的代表。2022年 11 月，扬州市"富春茶点制作技艺"等参与申报的"中国传统制茶技艺及其相关习俗"在摩洛哥拉巴特召开的联合国教科文组织保护非物质文化遗产政府间委员会第 17 届常会上通过评审，列入联合国教科文组织人类非物质文化遗产代表作名录。

夏天的味道

（图片来源：第 141 位记名 人佳）

6. 菜品类茶点

常见的菜品类茶点有肉脯、肉干、豆腐干、香酥鸡、凤爪等。

西湖龙井炒鸡蛋

（图片来源：第 56 位入门 人奕）

不同的茶要搭配适应其性的茶点。关于茶与茶点的搭配，在茶界有这样一句话来总结："甜配绿，酸配红，瓜子配乌龙。"即绿茶可配甜味茶点，红茶可配酸味茶点，乌龙茶则适合搭配坚果类茶点。

总之，茶点真可谓琳琅满目、色味俱全，无论是配茶，还是单独食用，都是味觉和视觉的双重享受。随着茶文化的盛行，我国的茶点还结合了东、西方各色美食，不断创新、发展。

第三章

冰清玉洁的姐姐
——绿茶

历史悠久的绿茶家族

绿茶属于不发酵茶，干茶色泽翠绿或黄绿，冲泡后清汤绿叶，因此称为绿茶。绿茶具有清香和栗香等味道，滋味鲜醇爽口，浓而不涩，不同种类的绿茶具有各自的品质特征。绿茶的基本初制工艺流程为：摊放——杀青——揉捻（或做形）——干燥。

金山翠芽

金山翠芽茶汤

（图片来源：镇江市茶业协会 王信农）

绿茶是我国最早生产加工的茶叶。远古时期，人们采集野生茶树芽叶晒干收藏，可以看作是最初期的绿茶加工，距今已有三千多年的历史。据《华阳国志》记载，周武王伐纣后，巴蜀西南小国曾以茶作为贡品进献武王。真正意义上的绿茶生产和加工在唐朝就已经出现，历史十分悠久。

唐朝时，我国开始用蒸青法加工绿茶。陆羽在《茶经》中记载，绿茶的加工方法为"晴，采之、蒸之、捣之、拍之、焙之、穿之、封之，茶之干矣"。后来蒸青法传入日本，又传到许多国家。明朝时，我国又发明了炒青法来加工绿茶。绿茶是我国生产的主要茶类之一，现在我国已经成为全球最大的绿茶生产、消费和输出国。

由于历史悠久且产量巨大，所以，绿茶也被认为是我国六大茶类之首。

从生产制作的工艺来讲，绿茶分为四种，分别是炒青绿茶、烘青绿茶、晒青绿茶和蒸青绿茶。其中炒青绿茶中最为出名的茶叶有西湖龙井、洞庭碧螺春、信阳毛尖、金山翠芽等；烘青绿茶有太平猴魁、六安瓜片、黄山毛峰等；晒青绿茶有滇青、陕青、川青等；蒸青绿茶有恩施玉露、仙人掌茶等。

绿茶具有收敛、利尿、提神等功效，而且在生产制作过程中，鲜茶叶中的大部分茶多酚、抗氧化剂、叶绿素、维生素也保存了下来。所以常饮绿茶有助于瘦身降脂、延缓衰老，还有助于醒脑提神、利尿解乏。另外，绿茶中含有氟，还可以防龋齿、清口臭，所以很多牙膏都含有从绿茶中提取的有效成分。

绿茶的"名片"

我国绿茶种类很多,如果要选一些代表并为其制作"名片"的话,那其中少不了以下这些:西湖龙井、洞庭碧螺春、黄山毛峰、信阳毛尖、庐山云雾、六安瓜片、太平猴魁、恩施玉露等。

西湖龙井 绿茶皇后　　　产地: 浙江省杭州市

外形: 扁平光滑,苗峰尖削,体表无茸毛。

加工工艺: 采摘——摊放——杀青——回潮——辉锅。

(图片来源:国家一级评茶师彭克荣)

汤色: 黄绿明亮。

香气: 清香、栗香等。

滋味: 鲜爽甘醇。

叶底: 细嫩成朵。

洞庭碧螺春 茶中仙子　　　产地: 江苏省苏州市

外形: 紧密卷曲,条索纤细,银毫显露,色绿。

加工工艺: 采摘——拣剔——杀青——揉捻——搓团显毫——文火干燥。

(图片来源:苏州古雨春茶业有限公司董事长 蒋智奇)

汤色: 碧绿清澈。

香气: 花香、果香、嫩香、毫香。

滋味: 鲜醇爽口,回甘悠长。

叶底: 嫩绿柔软,芽叶肥硕。

黄山毛峰

产地： 安徽省黄山市

外形： 细嫩，芽肥，壮匀齐，有锋毫。

加工工艺： 采摘——杀青——揉捻——干燥——拣剔。

（图片来源：第298位记名 物瞳）

汤色： 清碧微黄。

香气： 花果、果香。

滋味： 鲜浓醇厚，回甘悠长。

叶底： 嫩黄肥壮，匀亮成朵。

信阳毛尖 绿茶之王

产地： 河南省信阳市

外形： 细圆光直，有锋苗，色泽银绿隐翠。

加工工艺： 采摘——摊放——生锅——熟锅——初烘——摊凉——复烘——拣剔。

（图片来源：第49位入门 论静）

汤色： 嫩绿鲜亮。

香气： 果香、花香、嫩香、高锐香。

滋味： 鲜浓醇香。

叶底： 嫩绿匀齐。

庐山云雾

产地： 江西省九江市

外形： 芽叶肥壮，条索紧凑，青翠多毫。

加工工艺： 采摘——摊青——杀青——摊凉——揉捻——理条——紧条做形——烘干。

（图片来源：第76位入门 恬微）

汤色： 绿中带黄，清澈明亮。

香气： 清鲜持久。

滋味： 醇厚甘甜。

叶底： 嫩绿匀齐。

六安瓜片

产地: 安徽省六安市

外形: 自然平展,叶缘微翘,形似瓜子的单片,茶芽肥壮,色泽翠绿。

加工工艺: 采摘——扳片——炒制——烘焙。

(图片来源:第49位入门 论静)

汤色: 清澈透绿。

香气: 花果、果香、草香。

滋味: 柔和细腻,鲜醇回甘。

叶底: 嫩黄均匀。

太平猴魁

产地: 安徽省黄山市

外形: 两叶抱芽,扁平挺直,自然舒展,白毫隐伏。

加工工艺: 采摘——拣尖——摊放——杀青——理条——压制——毛烘——定烘——复焙。

(图片来源:第49位入门 论静)

汤色: 清绿明澈。

香气: 高爽持久,兰花香。

滋味: 醇厚爽口,回甘迅速。

叶底: 嫩绿匀亮,芽叶成朵肥壮。

恩施玉露

产地: 湖北省恩施市

外形: 条索紧细挺直,形似松针,白毫显露,苍翠绿润。

加工工艺: 采摘——蒸青——扇干水汽——铲头毛火——揉捻——铲二毛火——整形上光——焙干——拣剔。

(图片来源:第49位入门 论静)

汤色: 嫩绿明亮。

香气: 清爽。

滋味: 鲜爽甘醇。

叶底: 嫩绿匀齐。

金山翠芽

产地：江苏省镇江市

外形： 扁平挺削，色翠显毫。

（图片来源：镇江市茶业协会 王信农
指导：镇江市农业农村局 李传德）

加工工艺： 采摘——鲜叶摊放——杀青——摊凉——理条——整形——摊凉——辉锅。

汤色：	嫩绿明亮。
香气：	毫香、栗香，高香持久。
滋味：	鲜浓。
叶底：	肥匀壮实。

都匀毛尖

又名白毛尖、细毛尖、鱼钩茶、雀舌茶　　产地：贵州省都匀市

外形： 条索紧结纤细卷曲，白毫显露，色泽绿润。

（图片来源：第49位入门 论静）

加工工艺： 采摘——捻揉——杀青——初揉——烘二青——摊凉——复揉——滚三青——焙干。

汤色：	清澈明亮。
香气：	清香嫩鲜。
滋味：	鲜浓回甘。
叶底：	绿中显黄，芽头肥壮。

好水好器泡好茶

"水为茶之母，器为茶之父"，有好水好器，才能泡出色、香、味俱全的好茶。

1. 好水

冲泡绿茶一般选用纯净水。普通绿茶建议水温80~90摄氏度，名优绿茶水温最好是75~80摄氏度。

"水"知识——水温对茶的影响

水温对茶汤的影响很大，不同的茶叶因为其发酵程度和本身的性状不同，各自适宜的水温也不同。绿茶未经过发酵，茶叶鲜嫩，不能用温度太高的水进行冲泡，否则会破坏茶叶里面的营养和味道，75~90摄氏度恰好能够将绿茶的香气和茶汤的味道充分发挥出来，又不致破坏茶叶的营养。

2. 好器

冲泡绿茶首选透明度较高的玻璃杯，其次为白色瓷质盖碗。最好不要用紫砂壶冲泡绿茶，这是因为绿茶鲜嫩，用紫砂壶会将绿茶闷坏。

"器"知识——玻璃茶器

绿茶条索细嫩，外形好看，用玻璃杯冲泡绿茶，不但清香四溢，还能透过玻璃欣赏茶叶上下翻飞的舞动，可以更好地观察茶叶的色泽和形态。所以说，用玻璃杯冲泡一杯上好的绿茶，不仅是一种味觉的享受，还是一次视觉的盛宴。当然了，在选择玻璃杯冲泡绿茶时，一定要尽可能地选择透明度较好的玻璃杯，这样更便于我们观察和欣赏绿茶的形态之美。

（图片来源：第130位记名 人容）

巧手布茶席

布置茶席并没有统一的标准，方便实用且能够让人在视觉上感到美、身心感到愉悦的茶席就算是一张好的茶席。虽然没有统一的标准，但布置茶席时一般会遵循以下几个基本原则：

第一，茶桌中间要尽可能地留出足够的空间，让侍茶者和饮茶者的视线都不会受到阻碍。

第二，多用右手拿取的茶器要放在侍茶者的右边，同理，左手拿取的茶器就放在侍茶者的左边。这样便于侍茶者取用，而且不必大幅度地活动身体，看上去也更美观。

第三，茶席左右两侧尽可能保持平衡，如壶承和茶壶放在中间，公道杯和建水宜放在右侧，而杯垫、品茗杯、盖置、茶拨、茶则等放在左侧，这样既便于取用，又不互相遮挡，看上去还美观。

自己一个人喝茶时，茶器不必样样齐全，摆放也不必讲究太多，但是如果有重要客人来访，或其他正规的场合，那就需要布置一张比较正规的茶席。如果是专业的茶业工作者，那么除了要遵循以上三个基本原则外，在布置茶席时，最好还要做到以下几点。

1. 尽可能选择优雅的茶室

（图片来源：第130位记名 人容）

33

一间优雅的茶室既要有天然的情趣，又要有文雅的氛围。

（图片来源：第 141 位记名 人佳）

2. 清空桌子、铺好茶席

茶席既指包括茶桌、茶器、茶叶、茶点等在内的一套完整的茶席，也可以指铺在茶桌上的一层铺垫以及铺垫上放置的茶器等。茶席的质地、形状、色彩及图案等可根据环境或个人喜好来选择。

3. 备好茶器并放好

布置茶席之前，我们需要先根据具体的场合、人数及茶叶等来准备茶器，在选择茶器时要尽可能地根据实用性、便利性和美观性来选择。

（图片来源：第 130 位记名 人容）

巧手泡绿茶

冲泡任何茶叶，都要讲究合适的用量、温度和时间，所以茶叶用量、泡茶水温、茶叶浸泡时间被称为泡茶三要素。此三要素任何一项没把握好，都无法充分展现茶色之美、茶味之香。这节我们就讲讲冲泡绿茶的三要素。

1. 茶叶用量

冲泡绿茶，茶叶的用量一般为 1 克茶冲 50~60 毫升水。

（图片来源：第 173 位记名 人怡）

2. 泡茶水温

冲泡绿茶时千万不要用开水冲泡，因为绿茶的叶子娇嫩，刚刚烧开的水温太高，会破坏叶子本身的色泽，茶汤会变黄，茶芽因"泡熟"而变色变软，而且大量维生素被破坏，咖啡碱、茶多酚快速浸出，还会影响茶本身的香气和口感。而太低的水温也不易让绿茶的香气得以挥发，味道也会涩重。冲泡绿茶时，普通绿茶的最佳水温为 80~90 摄氏度，名优绿茶的最佳水温是 75~80 摄氏度。

3. 茶叶浸泡时间

冲泡时间会影响茶叶的口感和功效。对于细嫩的绿茶来说，冲泡时间的掌握更为重要。冲泡绿茶前，应先用水烫杯，可以起到温杯和洁具的作用。绿茶的浸泡时间为头泡 30~50 秒。第一次冲泡后 80% 的养分已被浸出，所以第二泡的时候，味道虽然还浓郁，但鲜爽程度已远不如第一泡，二泡三泡之后茶就没有什么滋味了。

4. 玻璃杯冲泡绿茶的方法

国家一级茶艺技师宋联可编制的《玻璃杯泡法行茶程序》（国作

登字 –2020–A–01063916），推出绿茶玻璃杯行茶十式。

第一式：万事俱备——备器。

准备好茶仓（内放绿茶）、茶荷、茶匙、茶则、玻璃杯、水壶、水盂、茶巾，摆放到指定位置，以便利、美观为原则。

第二式：日月入怀——备水。

将符合《生活饮用水卫生标准》（GB 5749—2022）的水煮沸，水壶盛好煮沸的水备用。

第三式：坦腹东床——赏茶。

用茶匙或茶则从茶仓中取绿茶，置入茶荷。

第四式：秋风过耳——温杯。

将开水倒入玻璃杯。左手托玻璃杯底，右手托玻璃杯基部，双手作逆时针转动，尽量让玻璃杯的每个部位都与热水接触到，再把废水倒入水盂。

第五式：山中宰相——置茶。

用茶匙将茶荷中的干茶投入玻璃杯中。如果是多杯，顺序从右到左。

第六式：水漫金山——浸润。

以回转手法，向玻璃杯内注少量开水，使茶叶充分浸润。

第七式：闻鸡起舞——摇香。

左手托住玻璃杯杯底，右手轻握玻璃杯基部，用右手手腕逆时针旋转茶杯，做相应的运动。

第八式：中流击楫——冲泡。

采用"凤凰三点头"的手法，冲水至七分满。

第九式：千载难逢——奉茶。

双手将泡好的茶依次敬给来宾。行伸掌礼，顺序从左到右，请客人用茶。

第十式：一片冰心——品饮。

奉茶者同客人一起，端起一杯热茶，观其形，闻其香，品其味。

第四章

温和贴心的阿姨
—— 红茶

风靡世界的红茶家族

　　红茶属于全发酵茶。红茶有碎片状、条形等不同形状。因为红茶的颜色是深红色，泡出来的茶汤又呈朱红色，所以叫红茶。红茶的基本初制工艺流程为：萎凋——揉捻（或揉切）——发酵——干燥。

　　红茶具有茶红、汤红、叶红的特点，冲泡后香甜味醇，是中国第二大茶类。在中国、印度、斯里兰卡等国都有红茶生产，最初只在东方盛行，后来传到欧洲，深受欧洲王公贵族们的喜爱。中国红茶在世界舞台上风光无限，并逐渐衍生出风靡海内外的红茶文化。在中国的六大茶类之中，走出国门最远的就是红茶。可以说，红茶风靡世界400年，但红茶的根却在中国，而中国红茶的根则在福建。

　　福建省武夷山桐木关，也是现在的武夷山国家公园核心保护区，是红茶的始祖小种红茶的发源地。由于红茶贸易越来越繁荣，许多地方的小种红茶经常冒充武夷山的小种红茶，所以后来就以武夷山为正山，因此武夷山红茶又被称为"正山小种"。

　　正山小种不仅是中国最早的红茶，也是全世界最早的红茶。相传公元16世纪中期，因明兵驻扎错过了杀青的加工时间，武夷山桐木村的村民便把茶叶揉捻后用火烘焙，结果不小心将茶叶烤焦了，但没想到经烟熏后的茶叶反而散发出独特的香气，冲泡后味道也很好。于是，在阴差阳错之间，中国便有了小种红茶。

　　那么中国红茶又是如何风靡世界的呢？

　　16世纪末，中国开放海禁，荷兰商人通过海上商队将正山小种带到欧洲，结果正山小种很快便在英国皇室乃至整个欧洲盛行起来，在当时被视为奢侈品，只有各国皇室和贵族等上流社会才能享用。18世纪武夷山红茶最为辉煌，可以说是独步天下，垄断海内外市场一个多世纪。

　　红茶通过发酵烘制而成，因此性质更加温和，对胃肠道没有刺激性，还可以通过加牛奶起到保护胃黏膜的作用。按照加工的方法与出品的茶形，红茶一般可以分为三大类：小种红茶、工夫红茶、红碎茶。

1. 小种红茶

小种红茶是红茶的鼻祖，其他红茶都是由小种红茶演变而来的。小种红茶又分为正山小种和外山小种。正山小种产于武夷山星村镇桐木关一带，又被称为"星村小种"或"桐木关小种"。外山小种的主产区是福建的正和、古田、沙县等地。

2. 工夫红茶

工夫红茶是我国特有的红茶品种，品类很多，产地很广。按地区可分为滇红工夫、祁门工夫、浮梁工夫、宁红工夫、宜红工夫、湘红工夫等，其中最为著名的是安徽祁门的"祁红"和云南的"滇红"；按品种又可分为大叶工夫、中叶工夫和小叶工夫。

3. 红碎茶

红碎茶是碎片或颗粒茶叶。红碎茶用沸水冲泡后，茶汁充分浸出，适宜于一次性冲泡后加糖加奶饮用。市场上的奶茶、果茶一般都用红碎茶制成。

（图片来源：第158位记名 人然）

　　红碎茶按照外形又可细分为叶茶、碎茶、片茶、末茶，按照产地可分为滇红碎茶、南川红碎茶等。作为国际茶叶市场的大宗产品，很多地方都出产红碎茶，如我国的云南、广东、广西、海南，国外有印度等地。

红茶的"名片"

中国红茶风靡世界，源远流长。中国最著名的红茶主要有福建的正山小种、金骏眉，安徽的祁门红茶，云南的滇红等。

正山小种 桐木关正山小种　产地：福建省南平市

外形：条索紧结肥壮，身骨重实，色泽乌润。

加工工艺：采摘——萎凋——揉捻——发酵——过红锅——复揉——熏焙——复火。

（图片来源：第158位记名 人然）

汤色：橙黄透亮。

香气：松烟香、蜜香、花香、果香。

滋味：滋味醇厚，有桂圆汤味。

叶底：呈古铜色，柔软肥厚。

祁门红茶 红茶皇后、群芳最　产地：安徽省祁门县

外形：条索紧细苗秀，色泽乌润，金毫显露。

加工工艺：采摘——萎凋——揉捻——发酵——干燥。

（图片来源：第158位记名 人然）

汤色：红艳明亮。

香气：花香、果香、蜜香，国际专称"祁门香"。

滋味：鲜醇带甜。

叶底：软嫩匀整。

滇红（云南红茶）

产地：云南省南部与西南部

外形：条索肥壮紧结重实，色泽乌润带红褐，显金毫。

加工工艺：采摘——萎凋——揉捻——发酵——烘烤。

（图片来源：第158位记名 人然）

汤色：	红鲜明亮。
香气：	复合型花香、果香、蜜香。
滋味：	醇厚饱满，细腻爽口。
叶底：	肥软，红匀明亮。

金骏眉（正山小种的分支）

产地：福建省南平市

外形：条索紧结纤细，圆而挺直，伴有金黄色的茶绒茶毫。

加工工艺：采摘——萎凋——揉捻——发酵——干燥——精制加工。

（图片来源：第158位记名 人然）

汤色：	红艳透亮，金圈明显。
香气：	综合花、果、蜜、薯香。
滋味：	甜醇。
叶底：	芽头挺拔，呈古铜色。

越红工夫茶 绍兴红茶

产地：浙江省绍兴市

外形：条索紧结挺直，色泽乌润，毫色银白或灰白。

加工工艺：采摘——萎凋——揉捻——发酵——烘干——精制加工。

（图片来源：第79位入门 恬素）

汤色：	红亮较浅。
香气：	花果香。
滋味：	甜香醇浓。
叶底：	古铜色，柔软匀整。

修水宁红茶

产地：江西省九江市

外形：紧细多毫，苗锋修长，色泽乌润，略显红筋。

加工工艺：采摘——萎凋——揉捻——发酵——烘干——精制加工。

（图片来源：第79位入门 恬素）

汤色：红艳明亮。

香气：花香。

滋味：鲜爽甜醇。

叶底：红嫩多芽，柔软匀整。

宜红工夫茶

产地：湖北省宜昌市

外形：条索紧结，苗锋修长，色泽乌润。

加工工艺：采摘——萎凋——揉捻——发酵——烘干——精制加工。

（图片来源：第79位入门 恬素）

汤色：红艳明亮。

香气：果蜜甜香。

滋味：甜醇鲜爽。

叶底：鲜嫩红匀。

苏红工夫茶

产地：江苏省宜兴市

外形：条索紧细匀齐，色泽乌润。

加工工艺：采摘——萎凋——揉捻——发酵——烘干——精制加工。

（图片来源：江苏乾元茶业有限公司总经理 梁峰）

汤色：淡红明亮。

香气：果蜜甜香。

滋味：深厚甘醇。

叶底：红亮柔软。

好水好器沏好茶

1. 好水

冲泡红茶时，通常建议的水温范围是 80~90 摄氏度。不过由于个人偏好不同，冲泡红茶的温度也可不同，较高水温冲泡红茶可减少茶汤苦涩，较低水温冲泡红茶则可以更好地保留茶叶的香气和口感。

"水"知识——硬度对茶汤的影响

由于水中含有的矿物质含量不同，水质也不同。矿物质含量较高的水，硬度较高。水质太硬，水中矿物质会与茶叶中的化学物质相互作用，影响茶叶的味道和口感。另外，硬水中的氯也会影响茶叶的味道。

所以，在冲泡红茶时最好选用钙镁含量低的"软水"，因为软水可以更好地释放茶叶的香气和味道。

2. 好器

品味红茶，用白瓷茶器冲泡茶叶被视为首选。这是因为白瓷茶器的细腻洁白能更加突出红茶的汤色，可以说是集茶色之美、茶气之香、茶味之醇于一体了。除了白瓷茶器外，还可以配上清亮透明的玻璃公道杯和配套的茶杯来品饮红茶。玻璃杯明亮透彻，可以透过玻璃清晰地欣赏红茶茶汤。

（图片来源：第49位入门 论静）

"器"知识——瓷器茶器

很多人都喜欢用瓷器来冲泡茶叶，这是因为瓷质茶器具有以下优点：

瓷质细腻、线条明快流畅、造型美观，尤其适用于观赏茶汤；

致密度高，不容易渗进污渍，便于清洁；

材料安全，无毒无害。

得体小茶人

想要成为一名得体的小茶人，首先要注意自己的仪容仪表，即包括容貌、服饰、姿态等要符合礼仪规范。具体要求如下表所示：

类别	细节要求	图示
着装	得体和谐 不宜太鲜艳 中式为宜 袖口不宜过宽	见 48 页图 1
发型	整齐干净 适合脸型、气质 避免前倾时头发散落到前面 短发不要挡视线，长发要束起	见 48 页图 2
手部	平时保养 不涂指甲 不留长指甲 不要戴饰物 清洁	见 48 页图 3
面部	干净 不要用香水 女士淡妆 男士不留胡须 表情平和放松 保持微笑	见 48 页图 4

类别	细节要求	图示
举止	动作自然 不操作的手自然放桌上 身体不要倾斜 动作组合有韵律感 动作融入与客人交流	见 49 页图 5
站姿	直立、梗颈、平肩、挺胸、收腹、提臀 平视、下巴微收、嘴微闭、微笑 女孩右手放左手上，男孩左手放右手上； 双手可自然下垂，男孩子可背手 女孩脚跟相靠，两脚呈45~60度，也可站 丁字步；男孩双脚分开与肩同宽，或不宽 于双肩	见 49~50 页 图 6~ 图 11
坐姿	正式坐：女孩先将裙子向前拢，再坐下； 坐一半或三分之二；小腿与地面垂直；女 孩双腿并拢，男孩两膝间距一拳 跪坐：女孩裙子压在膝盖下；上身如站立 姿势；双脚双拇指重叠，臀部坐在其上	见 50~51 页 图 12~ 图 19
走姿	头正、梗颈、平肩、挺胸、收腹、提臀 平视、下巴微收、嘴微闭、微笑 手臂自然摆动，双臂外开不超过30度 手指自然弯曲；大腿带动小腿 步幅30厘米左右 一分钟女孩100~118步，男孩100步，行 走路线为直线	见 52 页 图 20~ 图 22
（示范老师：第42位入门 论知）		

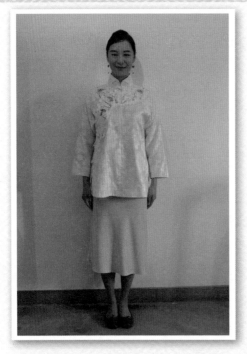

图1

图2

图3

图4

图5

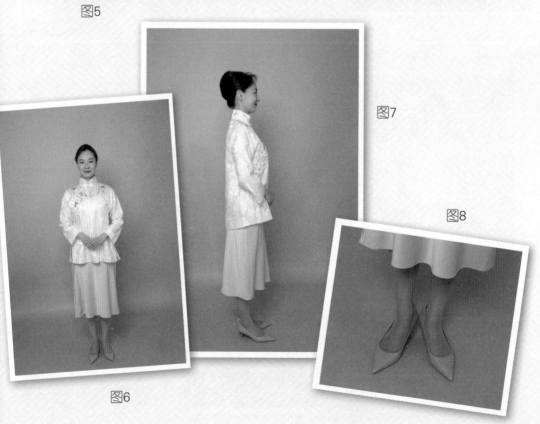

图6

图7

图8

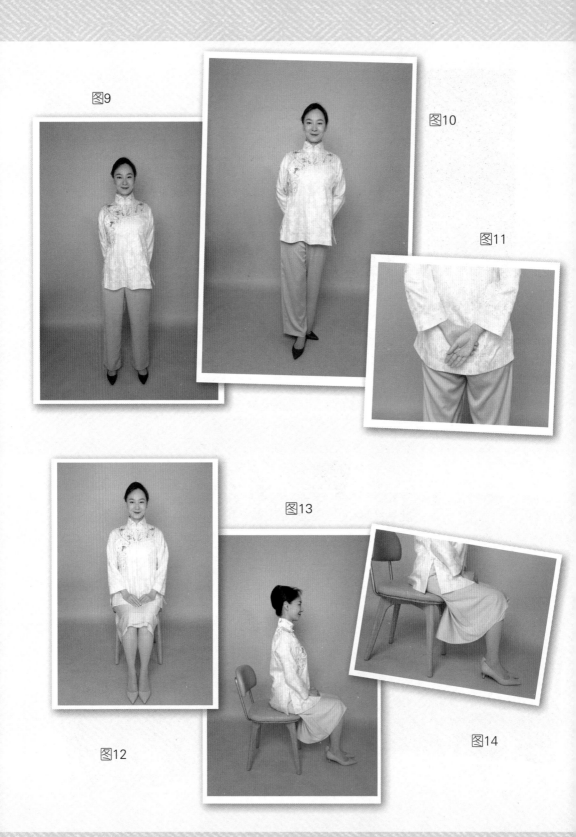

图9

图10

图11

图13

图12

图14

图15

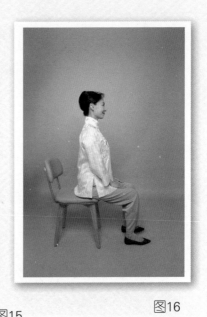

图16

图18

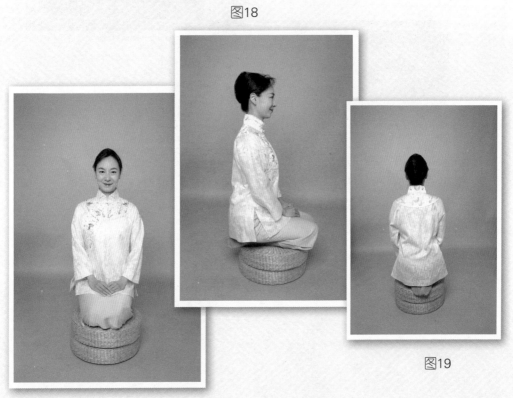

图19

图17

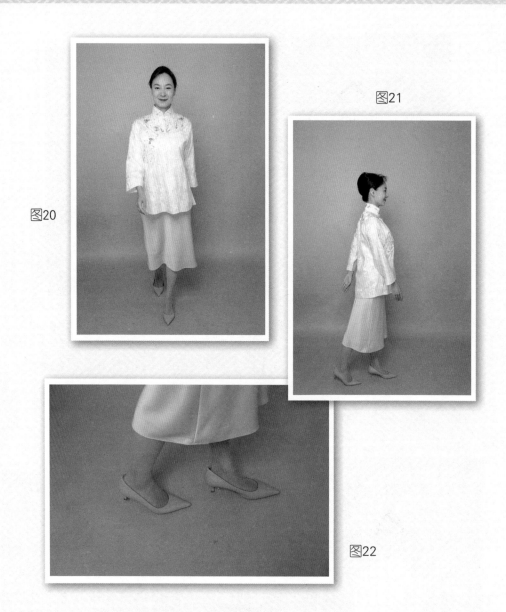

图20

图21

图22

巧手泡红茶

　　如果不掌握正确的泡茶方法，再好的茶叶也泡不出应有的芳香。合适的冲泡技巧，可以令红茶的醇厚香甜之味得到充分的展现。冲泡红茶时，需要注意以下几方面。

1. 茶叶用量

　　冲泡红茶，茶叶的用量一般为 1 克茶冲 50~60 毫升水；若为红碎茶，则用量为 1 克茶冲 70~80 毫升水。

（图片来源：第 132 位记名 人奕）

2. 泡红茶的水温

　　泡红茶时，需要考虑不同的茶叶种类来选择不同的水温。一般来说，江南的红茶用 90 摄氏度左右的水温，而云南的红茶则需要沸水冲泡。

3. 茶叶浸泡时间

　　红茶的浸泡时间与红茶的外形及加工方法有关。如果冲泡的是红碎茶，由于碎茶质碎、容易冲泡，泡太久会有苦味涩味，所以冲入热水后就要及时倒入公道杯，待温度适宜后品尝；如果冲泡的是紧致的茶叶，那么浸泡时间就可以适度延长。通常叶片较小的可泡几秒，而叶片较大的可以焖至几十秒。

4. 用盖碗泡红茶的方法

　　盖碗又称"三才碗"，有盖，有碗，有底托。盖碗可以说是适

用于所有茶类的"万能茶器"，而盖碗之中，白瓷盖碗尤其受人欢迎。

（图片来源：第 132 位记名 人奕）

白瓷细腻无暇，简约耐看。用白瓷盖碗泡红茶时，即使没有专门用来赏干茶的茶荷，也可以直接通过白瓷盖碗，观察红茶干茶的条索、颜色等。深色的红茶与洁白的盖碗相配，一红一白，尽显美态。

用白瓷盖碗冲泡红茶时，可遵循以下四个步骤。

第一步：温杯。

将沸水冲入盖碗，将其烫洗干净。

第二步：投茶。

往盖碗中投入 3~5 克的红茶。

第三步：注水泡茶。

用合适的注水方式注水。这一步需要特别注意，注水技巧会明显影响茶的色泽和味道。

如果想要追求鲜甜偏淡的口感，可采用柔和细水注入；如果想要追求浓郁的色泽和偏重的口味，那就用稳重中水或阳刚大水注入。

另外，冲泡红茶时，一般采用定点注入或沿杯壁转圈注入，最好不要直接将水淋到茶叶上，以免破坏茶叶品质，影响茶汤口感。

第四步：出汤。

红茶的出汤时间很快，第一泡一般 1~5 秒，如果习惯茶味更浓，可以适度延长浸泡时间。

第五章

返老还童的奶奶
——黑茶

越陈越香的黑茶家族

　　黑茶是中国最具特色的茶类之一，与红茶一样都属于发酵茶；但与红茶不同的是，黑茶是"后发酵"。

　　黑茶这种称呼最早出现于明朝嘉靖年间的湖南安化。当时湖南安化的茶农高温熏烤茶叶使其变成深褐色，接近于黑色，因此称其为"黑茶"。其实自秦汉以来，湖南安化就有加工熏茶的习惯，安化黑茶的前身是秦汉时期的安化曲江黑茶片。据说这种茶是由张良发明制作的，其形状扁平，所以又被称为"张良薄片"。汉代时此茶为皇家贡茶，被称为皇家薄片。

（图片来源：第40位
入门 论莲）

　　黑茶为中国独有的茶类，对人体肠胃的刺激性很小，尤其是陈年黑茶的温热效果非常好。秋冬季节，天气寒冷，人的肠胃容易感觉寒凉，这时喝一杯具有暖胃功效的黑茶，实在是舒服极了。另外，由于黑茶中的咖啡因可以增加胃液的分泌，因此喝黑茶能提高人们的食欲、促进消化。

与其他茶类相比，黑茶更耐储藏，具有"越陈越香"的特点。但不同的黑茶存放时间往往不一样，在不同的发酵阶段其味道也大不相同。一般来说，黑茶有三个品饮期。

1. 第一个品饮期

黑茶的第一个品饮期是在压制好两三个月之后。这时品饮主要是为了试茶，根据茶的品质评判其是否适合后期储存。这一时期的黑茶堆味重、性燥热、有水汽，但也有黑茶独特的醇香。

2. 第二个品饮期

在成品压制好的 1~3 年，黑茶仓味明显、汤色稍浑，3 年之后的黑茶品质更加稳定，味道醇郁香甜，值得细细品味。这一时期是黑茶的第二个品饮期。

3. 第三个品饮期

成品压制好的 10 年之后，是黑茶品饮的第三个时期，也是最佳品饮期。此时黑茶的茶性温和、滋味醇厚甘甜、香气纯正，药用价值高，老少皆宜。

（图片来源：第 40 位入门 论莲）

（图片来源：第 158 位记名 人然）

正因为上述一些特点，所以黑茶深受消费者的追捧和青睐。如今，我国的黑茶种类按地域可以分为湖南黑茶、湖北青砖茶、广西六堡茶、四川黑茶、云南普洱茶和陕西黑茶等。

黑茶的"名片"

中国黑茶品质一流，且如今产地较广、品种较多，下面择要介绍几种。

安化黑茶　　　　产地：湖南省安化县

外形：条索紧卷、圆直、叶质较嫩、色泽黑润。

加工工艺：杀青——初揉——渥堆——复揉——干燥。

（图片来源：第56位入门 人奕）

汤色：橙黄明亮。

香气：香气纯正。

滋味：入口柔滑，醇厚微涩。

叶底：黄褐。

普洱茶熟茶　产地：云南省的西双版纳茶区、临沧茶区和普洱茶区

外形：有饼茶、砖茶、沱茶等多种形状。条索肥壮、重实，色泽黑褐、油润。

加工工艺：晒青毛茶——渥堆——解块——干燥——筛分——蒸压——干燥。

（图片来源：第40位入门 论莲）

汤色：褐红明亮。

香气：花香、蜜香、荷香、枣香、米饭香等。陈茶具有特殊"陈香"。

滋味：醇厚回甘。

叶底：褐红柔嫩。

四川边茶

又称"藏茶""乌茶"

产地： 以四川雅安、乐山为主要产区

外形： 质感粗老，含有部分茶梗，叶张卷折成条，色泽棕褐。

加工工艺： 采摘——杀青——蒸揉——渥堆——筑包——冷却定型——干燥。

（图片来源：第40位入门 论莲）

汤色： 红浓明亮。

香气： 香气纯正，有老茶的香气。

滋味： 平和醇厚。

叶底： 棕褐稍老。

广西六堡茶 六堡茶

产地： 广西壮族自治区梧州市

外形： 条索紧结，色泽黑褐，有光泽。

加工工艺： 采摘——杀青——揉捻——渥堆——复揉——干燥。

（图片来源：第158位记名 人然）

汤色： 红浓明亮。

香气： 香气纯正，显槟榔香味。

滋味： 甘醇可口。

叶底： 呈古铜褐色。

好水好器沏好茶

1. 好水

黑茶需要用 100 摄氏度的沸水冲泡。建议冲泡黑茶时用沸水洗 2 道茶，去除杂质后再冲饮。

"水"知识——煮水容器对水质的影响

煮水容器的材质分很多种，材质对水质有一定的影响，但水的温度对水质的影响会更大一些。不过，不同材质的煮水容器其保温性不一样，有些材质的容器保温性比较强，如陶壶；有些材质的容器保温性就不那么强，比如玻璃壶。所以，根据茶叶的不同，我们在泡茶时可以选择不同保温程度的容器。比如，冲泡黑茶时，如果是泡熟茶和老茶，选保温性较强的陶壶就比较好。

2. 好器

冲泡黑茶时建议使用陶土茶器，如优质的紫砂壶最好，这是因为紫砂壶具有独特的双气孔结构，具有耐热和耐冷的特性。用它来冲泡黑茶不仅能保留黑茶特有的味道，也可以长时间保温，方便人们饮用。

（图片来源：第 49 位入门 论静）

"器"知识——陶土茶器

陶土茶器的材质多为陶土，胎质较厚，具有气孔多、吸水吸味、传热慢、保温效果好等特点。因为陶土茶器的吸附性较强，会令茶的醇厚韵味充分发挥出来，所以陶土茶器适合冲泡一些风格厚重的茶，尤其可以将黑茶中的堆味和粗老气充分吸附，有助于提升黑茶的香气。

陶土茶器分为紫砂、白砂和红砂，其中紫砂茶器最受人们的欢迎，而在紫砂茶器中又以宜兴的紫砂茶器声名最盛。紫砂茶器宋代时开始出现，到明清两代时达到鼎盛，直到现在还备受茶友们的喜爱。

懂礼小茶人

　　作为小茶人，我们需要学习一些基本礼节。本部分内容，请宋联可第42位入门弟子论知老师给小朋友们做示范。（图片来源：第42位入门 论知）

1. 鞠躬礼

　　鞠躬礼分为真礼、行礼和草礼三种，具体如下所示：

真礼正面图

真礼侧面图

行礼正面图

行礼侧面图

草礼正面图　　　　　　　　　　草礼侧面图

2. 伸手礼

伸手礼分为长伸手礼和短伸手礼两种，具体如下所示：

短伸手礼

长伸手礼

3. 叩手礼

谢晚辈倒茶

谢长辈倒茶

谢平辈倒茶

4. 叠手礼

叠手礼分站时和坐时两种情况，具体如下所示：

坐时叠手礼

站时叠手礼

5. 分茶礼

倒茶时每杯只倒七分满，切记不可"茶满欺人"，让人无法端杯。分茶时应从左到右。平辈敬茶时要举杯齐胸，晚辈敬茶时要举杯齐眉。

巧手泡黑茶

1. 茶叶用量

冲泡黑茶，茶叶的用量一般为盖碗投茶 5~8 克，小壶投放三四成。

（图片来源：第 56 位入门 人奕）

2. 冲泡水温

用 100 摄氏度的沸水冲泡。

3. 用紫砂壶冲泡黑茶的方法

第一步：温杯、温壶，使紫砂壶的内外温度一致。

第二步：用 100 摄氏度的沸水醒茶，即通过沸水令茶叶舒张，唤醒茶叶的香气与味道。醒茶时间不宜太长，沸水冲入 3~5 秒即可，用来醒茶的水不要喝。

第三步：用沸水高冲沏泡，第一泡时间约为 10 秒，第二泡 15 秒，第三泡后每次 20 秒。

第四步：将茶泡好后，刮去浮沫，倒入公道杯中，然后分别倒入品茗杯中。

需特别注意：泡黑茶时不要搅拌，或压紧黑茶茶叶，这样会使茶水浑浊。

4. 用壶煮黑茶的方法

第一步：温杯、烫壶。

往壶中注入沸水，盖上壶盖，用沸水把壶彻底淋一遍，然后把壶中的沸水倒到茶杯上烫洗消毒。

第二步：放茶冲泡。

用茶匙将弄散的黑茶拨入壶中，注入沸水冲泡，同时用茶匙搅拌，约 10 秒左右倒掉茶汤。

第三步：炉上煮饮。

往壶中注入热水，放到炉上煮至水沸。根据选的茶，以及煮饮的次数，可以用小火再煮一会儿。

第四步：品饮。

到这里就可以将茶汤注入品茗杯中进行品饮了，也可以在壶中闷一到两个小时，这样口感更加浓郁醇香。闷的过程，要注意保温。

需要特别注意的是：黑茶味浓，可以煮 10 次左右。

第六章

温文尔雅的哥哥
——白茶

先凉后温的白茶家族

白茶属于微发酵茶，不经过杀青或揉捻，只经过晒或文火干燥加工而成。因为成品茶满身披着白毫，看上去如银似雪，因此被称为白茶。

白毫银针散茶

（图片来源：第158位记名 人然）

白茶具有先凉后温的特点。所谓先凉后温是指新制的当年白茶，性质偏凉，有清热降火的功效，因此不适合脾胃虚寒的人和哺乳期的女性饮用。而存放两三年以后，白茶的性质会逐渐发生转变，茶性渐渐由凉向温过渡。白茶的性质、香气和味道等会随着存储年份的增加而不断变化。

关于白茶，茶业界有"一年茶，三年药，七年宝"的说法。"一年茶"就是当年白茶，因为只经过微微发酵，所以刚制作出来的当年白茶口感和性质都接近绿茶； "三年药" 是指存放了三年左右的白茶，其茶性已经由凉渐转平和，茶的香气和味道也更趋醇和、柔顺； "七年宝" 则指存放了七年左右的白茶，这种白茶也就是人们常说的 "老白茶"，老白茶的茶性逐渐转温，逐渐呈现药香，味道更加醇厚。

茶性逐渐转化的老白茶，红茶素、黄茶素、维生素 C 等含量丰富，且性质温和，润滑细腻，可护肝、养胃、通便利尿，所以经常喝酒或消化不良的人可以喝一些老白茶。另外，白茶也有利于降低血脂和血糖，对于想要减肥瘦身的人来说，是不错的选择。不过，需要特别注意的是，白茶含有较多鞣酸，会影响人体对铁元素的吸收，所以缺铁人士或正在服含铁类药物的人最好少饮白茶。

当年白茶和老白茶是按照储藏年份划分的。如果按照茶树品种和原料要求的不同，白茶的品类也有所不同，可分为白毫银针、白牡丹、贡眉、寿眉四大类。

白茶的"名片"

说到白茶，就不得不说以下这些著名的白茶种类。

白毫银针
又名银针白毫、银针或白毫

产地： 福建省福鼎、政和、建阳和松溪等地

外形： 挺直似针，满披白毫，色白隐绿有光泽。

加工工艺： 采摘——萎凋——干燥。

（图片来源：第158位记名 人然）

汤色： 新茶浅杏黄，老茶赤金色。

香气： 毫香、花香、青草香、药香。

滋味： 清鲜醇爽毫味足。

叶底： 肥壮软嫩。

白牡丹

产地： 福建省福鼎、政和、建阳和松溪等地

外形： 芽叶连枝，两叶抱一芽，叶态自然，形似花朵。干茶叶面色灰绿或墨绿，芽毫色银白，叶背披满白毫。

加工工艺： 采摘——萎凋——干燥。

（图片来源：第158位记名 人然）

汤色： 清澈透亮，杏黄或橙黄色。

香气： 花香、毫香、药香、稻谷香。

滋味： 鲜醇甘爽。

叶底： 嫩绿或淡绿，叶脉与嫩梗带有红褐色。

贡眉

产地： 福建省福鼎、政和、建阳和松溪等地

外形： 叶态卷，有毫心，叶背多茸毛，灰绿或墨绿，洁净匀整。

加工工艺： 采摘——萎凋——干燥。

（图片来源：第158位记名 人然）

汤色：	橙黄或浅黄。
香气：	焦煳香、果香、花香。
滋味：	醇厚回甘。
叶底：	匀亮软嫩。

寿眉

产地： 福建省福鼎、政和、建阳和松溪等地

外形： 一芽三叶、四叶，叶片及梗为主，偶有毫心。

加工工艺： 采摘——萎凋——干燥。

（图片来源：第158位记名 人然）

汤色：	深黄色或琥珀色。
香气：	毫香、花香、果香。
滋味：	醇厚甘甜。
叶底：	黄绿粗杂。

好水好器沏好茶

1. 好水

用沸水冲泡白茶，可以将茶叶内质析出，茶汤的口感更加香醇鲜美。

"水"知识——燃料对水质的影响

宋代最伟大的诗人苏轼在其《汲江煎茶》一诗中说"活水还须活火烹"，意思是说煎煮泡茶用的水最好使用活火。所谓活火，即有火焰的坚木炭火。

明代田艺蘅在《煮泉小品》中说："有水有茶，不可无火。非无火也，有所宜也。"随着现代科学技术的进步，人们烧水时采用的能源有很多种，比如电、液化气、天然气等。不同的燃料煮出来的水冲泡出来的茶汤滋味还是有区别的。茶人崇尚用炭火煮水，认为可以更好地保持水的活性，用来冲泡茶叶时口感更加绵滑醇柔。

2. 好器

冲泡白茶时，我们可以用玻璃杯（壶）或瓷杯（壶），这是因为这两类茶器易于清洁，不会产生异味，非常适合白茶的香气和味道。

茶道教室

（图片来源：宋联可）

"器"知识——竹木茶器

竹木茶器是指用竹子或木头为原材料制作的茶器。这类茶器取材天然、质感细腻、手感舒适，还具有很好的保温性和耐磨性，而且十分环保。由于这些特点，人们常用竹木材料制作成一些辅助性茶器，如茶盘、奉茶盘、茶道六君子、茶荷、茶刮等。

竹茶筅、竹匙架、竹茶匙

（图片来源：镇江宋联文化科技有限公司）

竹木茶器也有一些缺点，所以在使用时需要注意以下几点：

①不能曝晒，否则容易变形、干裂。

②使用之后应擦洗干净并通风晾干，即使时间久了不用也需用湿布经常擦拭，以便保持其水分平衡。一般情况下每隔1个月用湿布擦拭一次，北方干燥地区每隔1~2个星期用湿布擦拭一次，南方潮湿地区每隔2个月擦拭一次。

巧手泡白茶

1. 茶叶用量

冲泡白茶，茶叶的用量一般为1克茶冲50~60毫升水。

2. 冲泡水温

冲泡当年白茶时，需先用90摄氏度水温来温润干茶，使茶的香气溢出，再采用沸水冲泡。冲泡老白茶时，可以直接用沸水洗茶、醒茶。

白毫银针

（图片来源：宋联可）

3. 白茶泡法

①紫砂壶冲泡法。

一般泡老白茶的话，会选用紫砂壶，这是因为紫砂壶具有较好的保温性。紫砂壶泡白茶时，第一遍润茶之后，我们可以用100摄氏度的沸水在紫砂壶中闷茶叶，这样冲泡出来的白茶既清甜又醇厚，味道非常丰富饱满。另外，紫砂壶特有的保温性能，可以使陈年老白茶的陈香更加持久，口感更加醇厚。

②盖碗冲泡法。

第一步：选茶、择水。

第二步：备器，即准备泡茶用的盖碗、品茗杯、公道杯、铺垫等。备器时应充分考虑场合、人数，并根据茶叶性质选择合适的茶器。泡当年散白茶时，可以用盖碗来泡，白茶在盖碗中尽情舒展，不仅茶色怡人，茶味也鲜甜与醇和并存。

第三步：温杯洁器。

第四步：第一泡醒茶，即让茶叶充分吸收水分，释放茶叶的内含物质。

第五步：第二泡注水冲泡8~10秒。如果是新茶，出水可以快一点；如果是陈年白茶，陈的时间越久，浸泡的时间相应越长，这与其他茶叶有所不同。

第六步：品饮。观色、闻香、品味，好茶汤色清澈明亮，茶味自然纯真。

第七步：收具。

第七章

和颜悦色的老师
——黄茶

疏而得之的黄茶家族

黄茶属于轻发酵茶类，加工工艺与绿茶极其接近，只是在茶叶干燥前或干燥后，再增加一道"闷黄"的程序。"闷黄"这一程序的增加，可以使茶叶中的叶绿素等物质部分氧化，叶片颜色由绿变黄。黄茶的品质特点是"干茶黄亮，黄汤黄叶"，所以被称为黄茶。

黄茶是中国特产，按照鲜叶的老嫩程度和芽叶的大小可分为黄芽茶、黄小茶、黄大茶三种。君山银针、蒙顶黄芽、霍山黄芽、远安黄茶等属于黄芽茶；沩山毛尖、平阳黄汤、雅安黄茶等属于黄小茶；皖西黄大茶、广东大叶青则为黄大茶。黄茶的主要产地是湖南、安徽、四川、广东、浙江、贵州等地，其中湖南岳阳被称为"中国黄茶之乡"。

黄茶寒而不凉，性质平和，有益于脾胃，不仅可以帮助消化，还能解决食欲不振和懒动肥胖的问题。黄茶中的君山银针是中国十大名茶之一，唐代就已生产并出名，据说文成公主远嫁西藏时就带了此茶；到明清时期，此茶成为宫廷贡品。

黄茶也属于六大茶类之一，但是与其他茶类相比，黄茶的品种较少，产量也较低，覆盖面十分有限。而且黄茶的特色不明显，与绿茶相比，黄茶不够鲜美；与红茶相比，黄茶滋味不够醇厚；与普洱茶相比，黄茶缺少了一些霸气；与乌龙茶相比，香气稍显平淡。黄茶基本上属于默默无闻的茶类，但这份平和与沉静也正是黄茶独有的气质。它不争不抢、含蓄内敛、温润平和，在百花争艳的众多茶类中，坚守着自己内在的安然与自在。这份坚守看似存在感不强，却充满力量，值得有心人慢慢寻找和品味。

黄茶的"名片"

黄茶产量较低，但黄茶中的名品却不少。

君山银针 雅称"金镶玉"

产地： 湖南省岳阳市

外形： 纤细如针，芽头肥壮，茸毫显露，色泽金黄光亮。

加工工艺： 采摘——杀青——摊晾——初烘——初包——摊晾——复烘——复包——焙干。

（图片来源：第36位入门 茶仙）

汤色：	橙黄清澈。
香气：	花香、果香。
滋味：	鲜爽甘甜。
叶底：	肥厚匀亮。

蒙顶黄芽

产地： 四川省雅安市

外形： 扁直，芽条匀整，芽毫显露，色泽嫩黄。

加工工艺： 采摘——杀青——初包——复炒——复包——三炒——堆积摊放——四炒——烘焙。

（图片来源：第36位入门 茶仙）

汤色：	黄亮透碧。
香气：	清纯。
滋味：	甘醇鲜爽。
叶底：	嫩黄匀齐，芽头饱满。

北港毛尖　唐代称"邕湖茶"　　　产地：湖南省岳阳市

外形：芽壮叶肥，毫尖显露，呈金黄色。

（图片来源：第36位入门 茶仙）

加工工艺：采摘——杀青——锅炒——锅揉——拍汗——复炒——烘干。

汤色：汤色橙黄。

香气：花香、果香。

滋味：甘醇爽口。

叶底：嫩黄明亮，肥嫩似朵。

霍山黄芽　　　产地：安徽省六安市

外形：挺直微展，色泽黄绿，披有毫毛。

（图片来源：第36位入门 茶仙）

加工工艺：采摘——杀青——初烘——摊放——复烘——足烘。

汤色：黄绿清澈。

香气：栗香、花香。

滋味：鲜醇浓厚，回味甘甜。

叶底：黄绿嫩匀。

好水好器沏好茶

1. 好水

黄茶细嫩，风味和香气独特，因此不宜用过高的水温冲泡。一般冲泡黄茶时用80摄氏度左右的热水冲泡，有些黄茶只需要70摄氏度的水温即可。

"水"知识——pH值对水质的影响

pH值是描述水的酸碱性的指标，不同pH值的水在冲泡茶叶时会对茶汤产生不同的影响。如果水的pH值过高，那么茶叶中的咖啡因就会大量溶解，这样的水冲泡出来的茶汤会带有苦味、涩味和杂味；如果水的pH值过低，又可能会破坏茶叶本身的抗氧化成分，令茶叶中的营养成分流失过多、过快。通常适宜冲泡茶叶的水质，其pH值应该在7.0~8.0之间。

2. 好器

黄茶除了具有独特的香气和味道，还具有独特而美妙的姿态与神韵。所以冲泡黄茶时还需要充分考虑到观赏性和美观性，因此用透明的玻璃杯可以说是上上之选，而且还要用玻璃片作盖。这样一来，在冲泡黄茶的过程中，人们可以透过晶莹剔透的玻璃去欣赏茶叶在水中的形态变化。

除了透明玻璃杯，盖碗也是冲泡黄茶的好器。另外，像银质茶具、紫砂壶或其他陶瓷茶器都可以用来冲泡黄茶。这些茶器也可以使黄茶的香气和味道得到充分展现。

"器"知识——金属茶器

金属茶器是指以金属为原材料制作的品茶器具。历史上有以金、银、铜、锡等金属材料制作而成的茶器，现在除了这些，还有一些以合成金属为材料制作而成的茶器，如钛铱合金、银钛合金等。

我国是使用金属茶器最早的国家之一，早在先秦时期以青铜制作的金属茶器较多，到南北朝时出现了金银茶器，隋唐时金银茶器的制作达到顶峰，但从宋代开始至元、明时，金属茶器逐渐淡出人们的视野。明朝张谦德在其所著的《茶经》中，将瓷质茶器列为上等茶器，金银茶器列为次等，而铜、锡等茶器则列为下等。

　　现在人们使用的金属茶器十分少见，但由于金属具有密闭性好、防潮、避光性能突出等特点，所以人们会用一些金属器具来储藏茶叶。

1. 茶叶用量

冲泡黄茶，茶叶的用量一般为1克茶冲50~60毫升水。

（图片来源: 第43位入门 论唯）

2. 冲泡水温

用80摄氏度左右的开水冲泡黄茶。

第一步

（图片来源: 第43位入门 论唯）

3. 冲泡方法

第一步：温杯、清洁茶器，并擦干杯中水珠，以免茶芽吸水而降低茶芽的竖立率。

第二步：水烧开，晾至80摄氏度左右，先快后慢冲入茶杯，至1/2处，使茶芽湿透，稍后再冲至七八分满。

第二步

（图片来源: 第43位入门 论唯）

第三步：用玻璃片盖上茶杯，第一泡的时间可以先泡 1~2 分钟，也可以延长至 5 分钟后，掀开玻璃片，观察茶芽的形态和沉浮，以及气泡的发生等。大约冲泡 10 分钟后，即可品饮。

（图片来源：第 43 位入门 论唯）

黄茶可以冲泡多次，每次冲泡时都可以看到黄茶的芽尖冲上水面，悬空竖立，下沉时如雪花下坠，沉入杯底，再冲泡再竖起，可以"三起三落"。

（图片来源：第 43 位入门 论唯）

第八章

变幻莫测的大叔
——青茶

变化无穷的青茶家族

青茶，又称乌龙茶，介于绿茶和红茶之间，既有绿茶的清香，又有红茶的醇厚。绿叶镶红边是青茶的最大特点。

福建安溪人于1725年左右（清雍正年间）创制出了乌龙茶（青茶）。

关于乌龙茶的产生，有这样一个传说：

据说清雍正年间，安溪县西坪镇南岩村有一位茶农名叫苏龙，因为他皮肤黝黑，所以人们称他为"乌龙"。有一次，乌龙上山采茶顺便打猎，结果捕到了一只肥美的山獐。把猎物带回家后天色已晚，乌龙和全家人忙着收拾和品尝野味，结果忘了将茶篓中的茶叶拿出来摊晾。等到第二天想起时才发现，茶篓里面的茶叶已经镶上了红边，但并未坏掉，反而散发出阵阵清香。人们品尝后觉得齿颊留香、回味甘鲜，后来经过反复试验，最终制出了这种全新的茶品，并为之取名"乌龙茶"。

后来这种制茶方法又传入闽北和台湾。现在福建安溪仍然是我国乌龙茶的最大产地，而且1995年时安溪就被国家农业部和中国农学会等单位命名为"中国乌龙茶（名茶）之乡"。

青茶是中国茶的代表，不仅在我国拥有广大受众，而且传入日本后也大受日本民众欢迎。青茶具有减肥美容等功效，因此在日本又被称为"美容茶"和"健美茶"。而作为青茶中的极品——铁观音，不仅是中国传统名茶，位列中国十大名茶之一，也是享誉全球的世界名茶之一。铁观音的特点被人们总结为"绿叶红镶边，七泡有余香"。

青茶属于半发酵茶，发酵程度在20%~60%之间。由于发酵程度变化较大，所以青茶的品类多样且滋味与香气变化无穷，可以说，青茶家族是层次最丰富、令人最难懂的茶中家族。其变幻莫测的口感层次与高雅悠长的香气，令无数人为之着迷。

青茶家族成员众多，可以细分出很多品类。人们常常根据产区的不同把乌龙茶（青茶）分为闽北乌龙、闽南乌龙、广东乌龙和台湾乌龙四大类。不同产区，其出产的乌龙茶的特点也不同。

青茶的"名片"

乌龙茶（青茶）品类众多，其中最著名的品类有如下几种。

铁观音 分清香型铁观音和浓香型铁观音　　　产地：福建省泉州市

外形：身骨重实，颗粒饱满紧结，青腹绿蒂，色泽砂绿翠润。

加工工艺：采摘——晒青——晾青——摇青——炒青——揉捻——初烘——包揉——复烘——复包揉——烘干。

（图片来源：第56位入门人奕）

汤色：浅金黄带绿、金黄、橙黄到橙红色。

香气：兰花香、花生仁香、椰香。

滋味：醇厚甘鲜。

叶底：肥厚柔软、匀整。

大红袍 茶王之王　　　产地：福建省武夷山市

外形：条索紧结壮实，色泽油润。

加工工艺：①传统工艺为采摘——晒青——晾青——做青——炒青——揉捻——复炒——复揉——毛火——扇簸——摊放——拣剔——足火——燉火；②机械工艺为萎凋——做青——炒青——揉捻——毛火——足火。

（图片来源：第56位入门人奕）

汤色：橙黄明亮。

香气：兰花香、果香。

滋味：甘爽滑顺，有独特岩韵。

叶底：叶片肥厚，色泽光亮。

凤凰单丛茶 又称"鸟嘴茶"

产地： 广东省潮州市

外形： 条索粗壮，匀整挺直，色泽黄褐，油润有光，有朱砂红点。

加工工艺： 采摘——晒青——晾青——做青——杀青——揉捻——烘焙。

（图片来源：第56位入门 人奕）

汤色：	橙黄明亮，杯内壁显金圈。
香气：	花香、肉桂香、蜜兰香、杏仁香等。
滋味：	浓醇鲜爽，润喉回甘。
叶底：	叶底边缘朱红，叶腹黄亮。

武夷岩茶肉桂

又称"武夷肉桂茶"或"玉桂茶"，分马头岩肉桂、牛兰坑肉桂、水帘洞肉桂和三仰峰肉桂等诸多品种

产地： 福建省武夷山市

外形： 条索紧实扭曲，色泽乌褐或蛙皮青，油亮有细白点。

加工工艺： 采摘——萎凋——做青——杀青——揉捻——烘焙。

（图片来源：第62位入门 人怡）

汤色：	金黄带红，清澈透亮。
香气：	乳香、蜜桃香、桂皮香、奶油香、花果香等。
滋味：	醇厚回甘。
叶底：	绿腹红边，主脉明显，叶齿细浅。

冻顶乌龙茶

也称"冻顶乌龙"，被誉为"茶中圣品"

产地： 台湾省南投县鹿谷乡冻顶山

外形： 条索呈半球形弯曲状，色泽翠绿有光泽。

加工工艺： 采摘——晒青——凉青——浪青——炒青——揉捻——初烘——团揉——复烘——再焙火。

（图片来源：第170位记名 人泠）

汤色：	蜜绿中带金黄。
香气：	花香、焦糖香、熟果香。
滋味：	醇厚甘润。
叶底：	绿腹红边，匀整柔软。

好水好器沏好茶

1. 好水

为了使乌龙茶更好地散发出其独有的茶香，最好用 90~100 摄氏度的水进行冲泡。

"水"知识——选水泡茶原则

择水是茶艺的六要素之一。明代的张源在其《茶录》中说："茶者水之神，水者茶之体。"茶圣陆羽在其《茶经》中写道："其水，用山水上，江水中，井水下。"这是选水泡茶的一个基本大原则。选水泡茶的另一原则是原茶配原水，即泡一款茶最适合的水，就是这种茶叶产区的山泉水，比如西湖龙井茶配虎跑泉水，武夷岩茶则最好用武夷山的泉水。

具体地说，所谓好水应符合五大标准。

第一，要清，最好清澈见底，无杂色无沉积。

第二，要轻，即水的杂质含量要低，含杂质太多的水入口涩重，会影响茶汤滋味。

第三，要活，正所谓流水不腐，有源有流的水可以充分释放茶叶本来的香味。

第四，要冽，即水要清凉，所以常常看到书中记载古人用雪水煮茶。

第五，要甘，即水本身要甘甜爽滑。蔡襄在其所著的《茶录》中说："水泉不甘，能损茶味。"由此可见这一标准的重要性。

2. 好器

乌龙茶味道浓郁，泡乌龙茶时很多人喜欢用盖碗冲泡，因为盖碗可以最真实地还原乌龙茶本身的味道。而紫砂壶特有的双孔透气结构则可以弥留茶香，用来冲泡乌龙茶的话，可以增加茶汤的浓度与味道。

"器"知识——选器泡茶原则

冲泡茶叶时选择什么材质的茶器？需选择多少茶器？具体地说，选器泡茶需要遵循以下几个原则：

第一，因茶选器。选器首先要依据茶本身的品种和特点，如冲泡绿茶，则首选玻璃杯，冲泡乌龙茶则可选盖碗或紫砂壶。

第二，因境选器。在不同的环境和场合，所选择的茶器也会有所不同，比如在家自己品茶，茶器的选择可以相对自如一点；如果是在一些比较正式或隆重的环境或场合，则要选择品质比较高的茶器。

第三，因人选器。选择茶器时要考虑到喝茶的人数，切忌出现有人因缺少器具而喝不到茶的情况。

第四，美观性。尽量选择美观大方的茶器，这样往往会给人赏心悦目的感觉。

第五，实用性和便利性。茶性浓时可随手把茗，喝茶选器不必太过囿于条条框框，自己感觉方便、实用、心情舒畅也很重要。

2020 年前部分弟子束脩中的茶器

（图片来源：宋联可）

（图片来源：宋联可）

巧手泡青茶

1. 茶叶用量

冲泡乌龙茶时需要分两种情况，条形紧结的半球形与条索形乌龙茶，用量为容器的二三成；松散的条索形乌龙茶，用量为容器的八成。

半球形乌龙茶与条索形乌龙茶

（图片来源：第141位记名 人佳）

松散条索形乌龙茶

（图片来源：第56位入门 人奕）

2. 水温

冲泡乌龙茶的水温为 90~100 摄氏度。因为乌龙茶属于半发酵茶，所含的营养物质非常丰富，且经过烘焙工艺，茶叶的香气和韵味十分独特，如果冲泡的水温太低，则无法将茶叶泡开，也不利于茶叶内各种营养物质的析出。刚烧开的沸水能够有效激发乌龙茶的香气和内含物质，使得茶汤更加甘醇饱满。

3. 茶叶冲泡时间

乌龙茶的冲泡时间与茶叶种类、老嫩程度、制作工艺、选择的茶器、个人饮茶习惯等诸多因素有关。

一般来说，乌龙茶第一泡较短，第二泡可以多浸泡 15 秒，以后每增加一泡，时间都可以适当延长。如果冲泡时间太短，不仅会影响口感，而且茶汤的颜色也浅淡；如果冲泡时间太长，那茶汤则会苦涩味重。另外，条索完整的乌龙茶冲泡时间可以相对较长，而条索细碎的乌龙茶，冲泡时间就要适当减少。

质量较好的乌龙茶可以反复冲泡 5~7 次，有"七泡有余香，九泡不失茶真味"的说法。当茶汤香味太淡时，就可以直接倒掉。当然了，以上只是一般情况，最终以品茗者口味来定。

4. 冲泡方法

对于乌龙茶，不同的地域有不同的泡法。不过一般情况下冲泡乌龙茶时，都需要以下三个步骤：

第一步：温壶温杯。

冲泡乌龙茶时，茶器和水的温度都要高，因此需要"温壶温杯"，即用沸水将茶器内外缓慢地冲淋一遍。

第二步：强力定点注水。

冲泡乌龙茶在注水时，沿容器边缘定点注入沸水，应尽可能提高注水强度、力度，使乌龙茶在容器中翻滚旋转回荡起来，这样有利于乌龙茶中的内含物质充分地释放出来，起到提升香气与口感的作用。

第三步：边冲边啜。

传统的乌龙茶冲泡，讲究用小杯小壶边冲边啜，即一边冲泡一边品饮。这样可以在冲泡过程中，通过调整冲泡时间、水温等环节，冲泡出"七泡有余香，九泡不失茶真味"的乌龙茶汤。

第九章

传承点茶我自豪

穿越到宋代，初识点茶

假如让你穿越的话，你最想穿越到哪个朝代？

不管你想穿越到哪个朝代，我都建议你一定要穿越到宋代去看看，因为茶作为开门七件事之一要从宋代说起，那时全民流行点茶。

点茶是以茶为原料，通过制作、备茶、点制等技艺制作而成的表面呈现沫饽的茶汤。怎么得到点茶的原料呢？简单来说就是先把茶叶蒸熟，再经过漂洗、压榨、揉匀、捣研，装到模具里面，压成茶饼，然后再焙干；用时捣碎，碾磨成粉，筛出细末。怎么做出点茶呢？撮一匙茶粉，放入盏底，加热水搅拌均匀，再用一种特殊的工具将其击拂出厚沫，一盏点茶就做好了，可以端起茶盏慢慢品尝。

你是不是感觉这个过程很麻烦？像现在这样，直接用水冲泡着喝就好了嘛，为什么还要这么麻烦地"点茶"呢？

实际上，这样喝不仅好喝，还能喝到更多的营养物质。此外，学习和练习点茶会让我们学到很多优秀传统文化，让我们感悟到更多人生哲理。

宋代是中国饮茶历史上的一个高峰，上至皇帝贵族，下至民间百姓，无不好茶。宋代开始流行的是蒸青团茶，这种方式传承自唐代。蒸青团茶的制作方法是这样的，人们先把采摘下来的新鲜茶叶洗净，放在一个容器中，置于火上蒸，以去除新鲜茶叶的青草气，再放入臼中捣碎，然后放入模具中压制。唐代制茶，一般有七道工序，概括起来是采茶、蒸茶、捣茶、拍茶、焙茶、穿茶和封茶。从采到封，经过七道工序，最后不但得到外形美观的茶饼，还让茶叶更易保存。人们在喝茶时，只需要把茶饼敲碎，放在茶器中烹煮就能喝了。唐代流行煮茶法。

到了宋代后，人们开始用"既蒸而研"的方式来制茶，先将新鲜的茶叶蒸熟，再压榨去汁，目的是将茶叶中含有的膏汁去除干净，之后再通过繁复的工序制成蒸青团茶。宋代制茶，一般也有七道工序，概括起来是采茶、拣茶、蒸茶、榨茶、研茶、造茶和过黄。制茶工序更复杂，茶品更精良，当然舍不得丢在锅里像煮汤那样喝了。

为了更好地品尝到这美妙的滋味，宋代出现了点茶法并盛行一时。点茶法是将茶饼完全碾碎，多次加入水，再用特制的茶器击打，使之成为一盏表面浮着白色厚沫的茶汤后再饮用。

我们知道的很多文人，都是点茶迷哦，比如范仲淹、梅尧臣、欧阳修、苏轼、黄庭坚、米芾、李清照、陆游、杨万里……点茶有着深厚的文化底蕴，难怪有这么多文人粉丝。真想穿越回宋代，看看他们怎么玩点茶。

好看好玩的点茶器具

宋代人不但对饮茶方式十分讲究，对茶器茶具的分类也更加细致。根据宋代审安老人所著《茶具图赞》中介绍的"茶具十二先生"可知，宋代点茶的器具主要有茶焙笼、茶臼、茶碾、茶磨、水杓、茶罗、茶帚、茶瓶、茶筅、茶巾、茶盏和盏托。其中，茶瓶、茶筅和茶盏是点茶必用的重要茶器哦。

接下来，我们就分别认识一下这些好看又好玩的点茶器具吧！

1. 茶焙笼

茶焙笼，主要用于焙茶。由坚韧的竹木制成，顶有盖，中有隔。开有窗，可以通风。

2. 茶臼

茶臼是用来捣碎茶饼的茶器。把茶饼放入茶臼，然后用木杵或金属杵在茶臼中研磨，直至成粉末状。

3. 茶碾

宋代时期的茶碾是用金属、陶瓷、石头等材料制成的，是把碎茶碾成粉末所用的碾子。碾槽的中间会放置一个碾轮，碾轮来回运动，就可以把茶叶碾碎了。

4. 茶磨

茶磨是用石头制成的，它的作用与茶碾相似，都是为了把茶磨成粉末。不同的是，用茶磨研磨时能最大程度地不损茶色，使茶色更接近天然的颜色。

5. 水杓

水杓也叫瓢杓，主要用来舀水或量水，是用成熟的葫芦剖开后晾干制成的。

6. 茶罗

茶罗是专门用来筛茶的用具，茶饼被碾成茶末后，需要过筛，以便把里面粗大的颗粒筛出去。

7. 茶帚

从"帚"这个字就能看出，这应该是一个清扫工具。没错，茶帚就是用来刷扫茶末的。茶饼被碾成茶末，经茶罗筛选后，还要用茶帚刷扫到茶盒之中保存。

8. 茶瓶

茶瓶也叫汤瓶、执壶，就是能用手拿起来的茶壶，主要用来煮水、盛水。点茶前，茶瓶内要装水，待加热煮沸后，将水冲入茶盏中。茶瓶的制作很讲究，普通人一般会选用瓷质茶瓶，达官贵人则会使用金制、银制的茶瓶。

9. 茶筅

茶筅是用来调制茶汤的茶器，以竹子制成。在点茶时，用茶筅在茶汤中不断地击拂搅打，以便梳理茶汤水纹，使茶汤融合更好喝，也使茶汤看起来更好看。

10. 茶巾

茶巾是点茶中的一种清洁工具，主要用来擦拭茶器，让点茶过程更加干净、整洁。它的材质一般为丝或纱。

11. 茶盏

茶盏是饮茶的用具。宋代人喜欢黑釉色的茶盏，因为在点茶斗茶时，都是以茶汤乳花纯白鲜明、着盏无水痕或咬盏持久，以及水痕晚现为胜者。选择深色的茶盏，可以更加容易地观察茶色、水痕等。

12. 盏托

盏托和茶盏是配对出现的，它的作用就是承托茶盏，方便端茶，防止烫手。

解密煮茶、泡茶与点茶

不同的时代有不同的饮茶方式，总的来说，煮茶、点茶和泡茶法，这三种方式最受人们关注。

1. 煮茶及其流程

在唐朝之前，古人常常将茶的叶子与其他佐料混合在一起煮为汤羹后食用。唐朝时人们逐渐推崇煮茶时不加盐以外的其他佐料。煮茶法，先烤茶，再碾成末，煮水过程中加入盐、茶等，水三沸后煮好茶。唐代煮茶法主要流程有如下 10 个步骤。

①生火。

生火听起来很简单，但生火的材料却很讲究。陆羽提出，煮茶时最好用木炭，其次用火力强的木柴。朽木或曾经烤过肉、沾染上油腥的木头都不可以，因为会影响茶的味道。

②炙茶。

炙茶就是把茶饼放到火上烤。烤茶饼时要靠近火源使茶饼受热均匀，还要用茶夹不停翻动茶饼，直到茶饼表面烤出像蛤蟆背一样的小疙瘩，然后离火五寸，等卷起的茶饼表面舒展开时继续按之前的方式烤。

③碾茶。

碾茶要用到茶碾、拂末和纸囊。《茶经》中记载，茶碾用木头制作，内圆外方。拂末，用鸟的羽毛制作。烤过的茶饼放入纸囊中冷却，再用茶碾碾成茶末，用拂末收集、清理茶末。

④罗茶。

这一步就是用罗筛筛选茶末，筛选好的茶末放到盒中存放。

⑤煮水。

煮水当然要讲究用水。陆羽在《茶经》中表明，山水最好，其次是江水，井水最差。山水要选流动的山泉；江水离人们居住的地方越远越好；井水则要到经常有人汲取的井中去取。

⑥调盐。

调盐要在水一沸时进行，根据水量适度添加，不要过量。

⑦投茶。

投茶在水二沸时进行。先盛出一瓢水，再把适量的茶末沿水沸腾时的漩涡中心倒入。

⑧育华。

三沸时，再把刚才盛出的水倒回沸水中，使水不再沸腾，这样可以孕育茶汤的精华。

⑨分茶。

将煮好的茶水分到各个茶碗中，要使沫饽分得尽量均匀。

⑩饮茶。

陆羽认为喝茶要趁热饮用。因为茶冷却过程中，精华会随着热气损失。

2. 点茶及其流程

到了宋代，饮茶方式发生了新的变化，点茶之法成为时尚。蔡襄的《茶录》为宋代的点茶技艺奠定了艺术化理论基础，之后宋徽宗御笔亲书的《大观茶论》更是对点茶技法进行了精妙的论述。宋代的点茶流程主要包括炙茶、碾茶、罗茶、候汤、熁（xié）盏、点茶等。

①炙茶。

炙茶也称烤茶，其目的是将茶饼在存放过程中吸收的空气中的水分烘干，用火逼出茶叶自身固有的香味来。唐朝时期，人们是十分重视炙茶的。到了宋朝时期，常常是隔年的陈茶才炙。炙茶不再是每次点茶所必需的。

②碾茶。

碾茶是将敲碎的茶饼块放入碾槽中碾成粉末。碾茶一定要有力迅速，否则茶与碾槽接触时间过长，不仅会令茶的颜色受损，还会破坏茶末的新鲜度。如果想要茶末更精细，可以增加碎茶、磨茶的步骤。

③罗茶。

罗茶是将碾好的茶粉放入细密的茶罗中细细地筛出精细的茶末。茶罗越细密，罗出的茶末才越精细。

④候汤。

候汤就是煮点茶用的水。在这一步，不仅水和炭十分讲究，而且烧水的火候也必须掌握好，这样点出来的茶才更出茶味，故而蔡襄认为"候汤最难，未熟则未浮，过熟则茶沉"。

⑤熁（xié）盏。

熁盏即为温盏，就是用风炉或开水预热茶盏。这个习惯至今都保留在中国的日常饮茶及日本的茶道之中。之所以要熁盏，是因为人们普遍认为，先将茶器预热，有助于激发出茶的清香。

⑥点茶。

点茶有调膏和击拂两个重要环节。调膏过程，先将茶末放入茶盏中，注入少量开水，用茶器将其调成极其均匀的茶膏。击拂过程中，开水可分多次注入，每次击拂技法有所差异。作为点茶高手，宋徽宗在《大观茶论》中极其详尽地描述了多次注水的点茶技巧，后人称该技艺为"七汤点茶法"。

3. 泡茶法

到了明朝，穷苦出身的明太祖朱元璋极其厌恶复杂的贵族化饮茶方式，于是昭告天下废团茶兴叶茶，全国上下改泡茶法。随着社会的发展，泡茶的方法也在一直变化，而且不同茶有不同的冲泡方法，甚至其中的注水方式都有多种。下面介绍几种不同的冲泡方法。

①覆盖式冲泡法。

指以 N 字形覆盖式注水，让茶叶全部浸润。这种方法适合白茶、普洱茶散茶等条索蓬松的茶类。

②沿边环绕法。

指沿着盖碗边缘，以打圈的方式徐徐注水。这种方法适合绿茶、红茶和白茶等茶类。

③高冲法。

让水流从低向高再回到低处缓缓注入茶碗中，这样可以较好地激发茶香。这种方法适合香气高远的乌龙茶等。

④中心低冲法。

对准茶壶或茶碗中心的茶叶，从低处徐徐注水。这种方法适合白茶和普洱茶的紧压茶。

⑤定点熏蒸法。

沿着茶碗边缘定点注水，水的蒸气可以令茶叶慢慢浸润，让茶的香味更加鲜爽。这种方法适合嫩度高的绿茶和黄茶等。

这样点茶美美的

看到电视剧《梦华录》中女主赵盼儿高超的点茶技艺，你是不是很羡慕？其实，点茶可不仅仅是女子的专利，像点茶三昧手南屏谦师、拥有茶匠通神技艺的福全，都是妥妥的点茶男神。点茶的技法不唯一，呈现点茶艺术的方式当然也有分别，女子和男子都能展示各自的"美"。

我们要知道，从点茶器具来看，有箸点茶、筅点茶等；从点茶技艺来看，有二汤点茶法、三汤点茶法、七汤点茶法、茶汤点茶法等。不同的点茶法，适用不同的场景，而且其难度差异非常大。我们小茶人，就先了解学习基本的三汤点茶法和茶汤点茶法吧。

三汤点茶法难度远远小于七汤点茶法，更容易体验到点茶的乐趣，而且也能更快地喝上茶。不过，从点茶的效果来说，是远不如七汤点茶法的。宋联可博士钻研数年后，在《三汤点茶法》（国作登字 -2022-A-10209993）中总结出相关重要内容。三汤点茶法主要用到点茶粉、茶盏、茶筅、汤瓶、茶匙（带架）等。其重要步骤如下：

第一，洁器。用清水将茶器清洗干净，放在一旁备用。

第二，调膏。将点茶粉置入茶盏中，加入一定的沸水，将茶粉调成膏状。

第三，击拂。用汤瓶往茶盏中注入沸水，不停地用茶筅击拂茶汤，使其产生沫饽。

第四，继续击拂。用汤瓶再往茶盏中注入沸水，再次不断地用茶筅击拂茶汤，产生更多沫饽，调整表面。

第五，品茶。先看汤色，再嗅香气，最后尝滋味。

以上五步对应的仪轨名称为：励志清白、调如融胶、粟文蟹眼、稀稠得中、啜英咀华。

茶汤点茶法，因茶汤更容易获得、技法更加简单，而成为当代点茶的主流技法之一。宋联可博士钻研数年后，在《茶汤点茶法》（国作登字-2020-L-01213338）中总结出相关重要内容。茶汤点茶法主要用到茶叶、泡茶器、茶盏、茶筅等。其主要步骤如下：

第一，洗茶器。用清水将所需茶器清洗干净，放在一旁备用。

第二，泡茶汤。根据选用的茶叶，选择泡茶器，量取茶叶放入泡茶器中，并根据茶叶确定茶水比例、泡茶温度、泡茶时长，做到"见茶泡茶"。

第三，注茶汤。将泡好的茶汤注入茶盏中。注入茶汤不能太少，要方便运筅；也不能太多，避免运筅时茶汤溅出茶盏。

第四，点茶汤。用茶筅击拂茶汤点茶，直至出现大量沫饽，再调整表面。

第五，品茶汤。先看汤色，再嗅香气，最后尝滋味。

以上五步对应的仪轨名称为：励志清白、博爱乾坤、律己慎异、乳雾汹涌、啜英咀华。

创意无限的茶百戏

茶百戏又称分茶、水丹青、汤戏、茶山水等，是一种高超且高雅的点茶技艺。这种技艺以茶为根本，在茶汤表面呈现出各种文字和图案。茶百戏是展现中国文化的独特方式，与我们现在的咖啡拉花技法不同，需要高超的点茶技艺为基础。

茶百戏可谓创意无限，将茶与水的形态、味道及意境之美都提升到了一个极为高雅的境界。

主题：蛙蟆胜负

技法：雪沫乳花

作者：宋宗点茶第二十一代传人 日辰

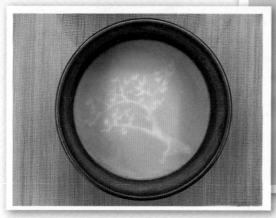

技法：下汤运匕
作者：宋代点茶非遗传承人 宋联可

技法：汤面作画
作者：宋代点茶非遗传承人 宋联可

　　有关在茶汤表面形成文字和图案的描述，早期见于唐代文人刘禹锡的《西山兰若试茶歌》，其中写道："骤雨松声入鼎来，白云满碗花徘徊。"

　　而"茶百戏"一词则出自北宋时期的《清异录》。《清异录》为陶谷采集隋唐至五代时的典故所撰写的一部随笔集，其中"茗荈门"中记载："茶百戏……近世有下汤运匕，别施妙诀，使汤纹水脉成物象者，禽兽、虫鱼、花草之属，纤巧如画，但须臾即就散灭。此茶之变也，时人谓之'茶百戏'。"

　　宋徽宗时期，由于宋徽宗和朝内大臣、文人墨客都十分推崇茶艺，推动了茶百戏的发展。许多我们今天耳熟能详的名人，如苏轼、陆游、杨万里、李清照等，都是茶百戏的"忠实粉丝"，还留下了不少与之相关的诗文。

　　到了元、明、清后，茶百戏这一技艺逐渐被人们所遗忘。近年来，中华优秀传统文化得到人们的热爱与传承，曾经失落的茶文化重新活跃起来，人们也从中管窥到了古代茶事之兴盛、茶艺之高绝。现在，茶百戏这一令人赏心悦目的高超技艺又得以重现。根据历史与当代的茶百戏的呈现与发展，宋联可博士对各类茶百戏法进行整理、编号，从8个维度对茶百戏进行划分与归纳，形成了茶百戏分类编码图，方便大众学习技法、鉴赏艺术、研究历史、开拓发展。

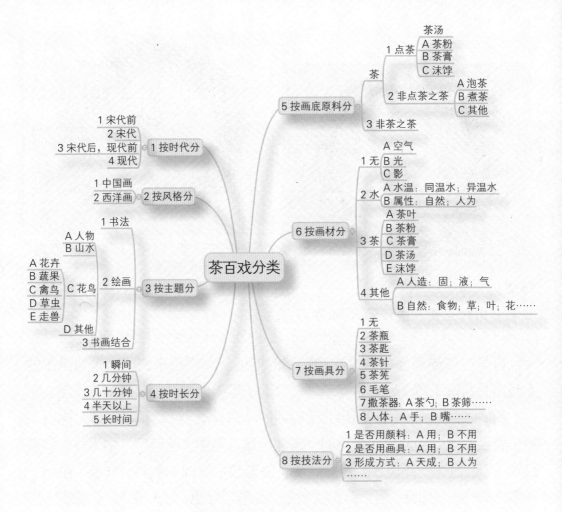

八卦茶百戏分类编码图

作者：宋联可

只要有兴趣，即使是普通人，也可以学习和掌握这一技艺。我相信，随着人们对传统文化的不断重视，茶百戏这一茶文化艺术一定会发扬光大。

斗茶乐趣多

宋代时，茶农或茶商们为了获得出产贡茶的机会，在每年春季都会举行斗茶大会，谁家的茶叶品质最佳便可在斗茶大会中胜出。

2021 年 11 月，第二届宋茶文化节启动仪式暨宋联斗茶全国决赛

唐代就有了斗茶，发展到后来，斗茶成了竞技活动、茶叶评比大会。

宋时，斗茶活动几乎随处可见，宋徽宗还曾专门写诗描写斗茶："上春精择建溪芽，携向芸窗力斗茶。点处未容分品格，捧瓯相近比琼花。"由此也可见点茶艺术在宋代的兴盛与普及。

传说苏舜钦之兄苏舜元（字才翁）曾与蔡襄斗过茶。在宋人江休复的《嘉祐杂志》中，就记载了一则苏舜元与蔡襄斗茶的故事：在斗茶时，原本蔡襄的茶叶质地更好，他在沏茶时用的是惠山泉水，而苏舜元所用的茶叶质地比蔡襄的茶略差一些，但他却用了翠竹浸沥过的水，点茶之时竹香盎然，于是胜出。

有一首《水调歌头·咏茶》，专门描绘建安采制春茶后当即斗试的场景：

二月一番雨，昨夜一声雷。

枪旗争展，建溪春色占先魁。

采取枝头雀舌，带露和烟捣碎，炼作紫金堆。

碾破香无限，飞起绿尘埃。

汲新泉，烹活火，试将来。

放下兔毫瓯子，滋味舌头回。

唤醒青州从事，战退睡魔百万，梦不到阳台。

两腋清风起，我欲上蓬莱。

2021年端午，宋联斗茶全国决赛

（图片来源：第95位记名 论隐）

如今为了规范斗茶活动、点茶审评，《点茶师培训教材》制定了斗茶的评价标准：①健康，必须符合品饮的各类食品级标准；②沫饽颜色，优先等级：纯白、青白、灰白、黄白、红白、褐白；③沫饽量，优先等级：汹涌、多、一般、少、无；④沫饽粗细，优先等级：粥面、浚霭、轻云、蟹眼、无；⑤沫饽消散，优先等级：咬盏不散（放半天以上）、咬盏慢散、慢散、持续散、速散；⑥香，优先等级：真香、纯正、平正、欠纯、劣异；⑦味，优先等级：甘香重滑、醇正、平和、粗味、劣异；⑧仪容仪表，优先等级：好、较好、正确、较差（少处错）、差（多处错）；⑨礼仪，优先等级：好、较好、正确、较差（少处错）、差（多处错）。

我也要当小小传承人

　　中国有很多非常好的传统技艺因为没有科学而系统的传承体系，都一直默默无闻甚至濒于失传。通过多年努力，2019年1月，宋联可带领弟子申报的"宋代点茶"成功列入镇江市润州区非物质文化遗产名录。

　　宋代点茶具有深厚的文化积淀。随着人们对中国传统文化的不断重视，今天的点茶已经作为中华非遗技艺绽放出了绚丽的光彩，也一步步地走出国门，走向世界。宋联可培养的传承团队创造了数个世界第一、历史第一，见证了点茶在当代从鲜为人知到逐渐复兴。

2020年1月15日，泰国亲王旺猜观看、品尝宋联可点茶，授予宋联可"中国—东盟文化交流大使"称号并颁发泰国国王勋章

（图片来源：龙佳佳）

2023 年 6 月 24 日，宋联可第 12 批弟子收徒仪式，至此传承 218 位弟子、21 位再传弟子遍布 7 个国家、上百个城市

（图片来源：羚羊）

有些小朋友可能会问，点茶听上去很有趣，不知道我们可不可以学呢？小朋友当然可以学习点茶。不仅如此，对于小朋友们来说，学习点茶还有很多好处呢。

首先，有助于培养观察力和专注力。点茶看似简单，实际需要仔细观察、高度关注、不断调整。学习点茶，可以帮助小朋友提高自己的观察力和专注力。

其次，可以让孩子学会注重过程。现在很多教育关注结果而忽略过程，点茶需要小朋友们更加努力刻苦思考，在这个过程中不断地去体验，最终才能获得美好的茶汤。

2018年，宋宗点茶第二十一位传人日辰在文心书院满庭芳磨茶

（图片来源：第9位入室 雅怡）

2021年，中山路小学三（4）班同学在米芾公园学习点茶

（图片来源：谢丹蕾）

再次，还可以通过学习宋代点茶的流程和仪轨等内容帮助小朋友来传承我国传统茶文化中蕴含的精神与理念。

另外，小朋友们还可以将古代茶文化与现代文化、知识理念相结合，使古代茶文化得到有益的创新，能够真正地让传统文化源远流长地传承下去。

了解了这么多的点茶知识，对于非物质文化遗产宋代点茶，小朋友们是不是生出一种跃跃欲试的感觉呢？如果你很感兴趣，那就和我们一起来努力学习点茶，争取早日成为一名小小非遗传承人吧。

附录：青少儿茶道素养等级认定规范

1. 前言

为传承发展中华优秀传统文化，做好提炼中华文明的精神标识和文化精髓工作，推动中华优秀传统文化创造性转化、创新性发展，大力弘扬中国茶文化，提高青少儿整体素养水平，引领青少儿茶道培训方向，培养和储备高素质专业技术技能人才，特制定本规范。

2. 关于起草

2.1 起草单位

江苏大学、华夏文化促进会非物质文化遗产分会、江苏省茶叶协会、镇江市茶业协会、润州区宋联可点茶工作室、江苏农林职业技术学院、镇江市文心青少年公益服务中心、镇江宋联文化科技有限公司、镇江五迪企业管理咨询有限公司、海南崔艺馨贸易有限公司、重庆朗逸企业管理咨询有限公司、卢仝茶院（河北）文化发展有限公司、镇江茗门憩心文化传媒有限责任公司、巴中市清和茗艺茶生活工作室、常州市钟楼区了易文化产业发展中心、成都市无由茶文化传播有限公司、丹阳市三味禅心茶文化有限公司、广东省深圳市美丽茶时光文化有限公司、哈尔滨技师学院、湖州市十景文化传媒有限公司、江阴人珂宋茶文化有限公司、昆明品诺贸易有限公司、眉山市东坡区兴禹茶艺工作室、宁波优昙文化传媒有限公司、青海金锦百华茶文化有限公司、厦门茶山语录茶业有限公司、山东力明科技职业学院文博学院、深圳一茶一静文化传播有限公司、十堰市茶艺协会、四川茗香物语文化传播工作室、苏州市吴中区东山山居吟茶文化民宿、太原市尖草坪区轻舟茶舍、无锡辛壬甲文化传媒有限公司、新疆伊宁市开发区江南春晓南门知茶茶室、云南省翔雅非物质文化传播有限公司、珠海宋韵点茶文化有限公司、淮阴师范学院历史文化旅游学院。

2.2 主要起草人

宋联可、常月红、唐锁海、王信农、李传德、李园莉、周典典、杨阳、徐丹霞、徐萍、陈仙炯、沙健、秦丽莉、李荣坤、吴小伟、崔宇。

3. 适用范围

本规范适用于5周岁及以上、18周岁以下青少儿的茶道素养等级认定。

4. 规范性引用文件

4.1 GB 5749—2022 生活饮用水卫生标准

4.2 GZB 4—03—02—07 国家职业技能标准——茶艺师

5. 术语和定义

5.1 青少儿茶道

以 5 周岁及以上、18 周岁以下的青少年为修习主体的茶道。

5.2 青少儿茶道素养

通过规范、系统学习，掌握中国茶的历史、文化、知识和礼仪，正确展示泡茶、点茶、煮茶等技艺，具备传承传播中国茶道的意愿和能力。

5.3 青少儿茶道素养等级认定

以 5 周岁及以上、18 周岁以下的青少儿为评定对象，认定内容为中国茶的历史、文化、知识、礼仪、技艺等，由具备相关资格的等级评价机构，对评定对象的基础知识、礼仪规范、实践操作等水平以组织测评的形式开展的等级认定活动。

6. 等级设置

共设五个等级，分别为：一级、二级、三级、四级、五级，其中一、二级为初级，三、四级为中级，五级为高级。

各等级依次递进，高级别要求涵盖低级别的要求，具体内容见附录 A。

7. 培训要求

7.1 培训时间

每一级考级前的培训不少于 24 课时，1 课时为 40 分钟。

7.2 培训教师

培训教师应具备良好的政治素质、道德修养，有良好的示范、教学指导及鉴赏能力，有3年以上茶教育工作经历，须取得高级茶艺师职业资格证书，须通过青少儿茶道师资培训。

7.3 培训场地设备

理论知识和技能操作培训在符合教学要求的培训场所进行，主要设备齐全，布局合理，符合国家安全、卫生标准。

8. 申报条件

凡爱好茶道并具有一定基础、满足相应等级年龄条件和培训时长的青少儿均可报考。各级别要求如下：

8.1 一级

8.1.1 年龄满足 5 周岁及以上、18 周岁以下。

8.1.2 累计学习本项技能满 24 课时及以上，取得相关培训证明。

8.2 二级

8.2.1 年龄满足 6 周岁及以上、18 周岁以下。

8.2.2 获得一级认定证书半年及以上。

8.2.3 累计学习本项技能满 48 课时及以上，取得相关培训证明。

8.3 三级

8.3.1 年龄满足 7 周岁及以上、18 周岁以下。

8.3.2 获得二级认定证书半年及以上。

8.3.3 累计学习本项技能满 72 课时及以上，取得相关培训证明。

8.4 四级

8.4.1 年龄满足 8 周岁及以上、18 周岁以下。

8.4.2 获得三级认定证书一年及以上。

8.4.3 累计学习本项技能满 96 课时及以上，取得相关培训证明。

8.5 五级

8.5.1 年龄满足 9 周岁及以上、18 周岁以下。

8.5.2 获得四级认定证书一年及以上。

8.5.3 累计学习本项技能满 120 课时及以上，取得相关培训证明。

等级测评要求逐级报考。如本人持有认可的相关证书，可直接申报高于当前证书等级的测评。

9. 认定方式与要求

9.1 认定方式

分为理论知识考试、实操能力考核，均实行百分制，成绩皆达 60 分（含）以上者为合格。

理论知识考试以问答、笔试等方式为主，主要考核学习本技能应掌握的基本要求和相关知识要求。

实操能力考核主要以现场实操等方式进行，主要考核学习本项技能应具备的能力水平。

9.2 监考人员、考评人员与考生配比

理论知识考试中的监考人员与考生配比不低于 1:15，且每个考场不少于 2 名监考人员；实操能力考核中的考评人员与考生配比为 1:3，且考评人员为 3 人（含）以上单数。

9.3 测评时间

一、二级测评理论知识考试时间一般不超过 5 分钟，实操能力考核时间一般不超过 10 分钟。三、四级测评理论知识考试时间一般不超过 10 分钟，实操能力考核时间一般不超过 20 分钟。五级测评理论知识考试时间一般不超过 15 分钟，实操能力考核时间一般不超过 30 分钟。

9.4 测评场所设备

理论知识考试在标准教室内进行；实操能力考核在通风条件良好的品茗室或教室进行，室内应有茶、茶器、茶相关物品以及测评相关物品等。

9.5 等级证书

成绩合格可授予相应青少儿茶道素养等级证书。

10. 组织机构与评价机构

由华夏文化促进会授权符合条件的机构组织实施，由取得认定资格的青少儿茶道素养等级认定测评机构，具体实施青少儿茶道素养等级测评。测评机构的认定资格须每年进行年审。

11. 修订与更新

本规范应根据行业发展的需要进行定期修订和更新。

12. 附则

本规范自发布之日起实施。

附录 A

青少儿茶道素养等级设置及认定说明

A-1 一级/初级

素养方面	认定内容	能力要求	相关知识要求
1. 基础知识	1.1 茶叶基础	1.1.1 能简述1个关于茶祖或茶圣的故事 1.1.2 了解茶树的基本特征，并知道茶树分类 1.1.3 了解茶叶的基本特征，并知道六大茶类的划分	1.1.1 茶的起源基础知识 1.1.2 茶树特征和茶树分类基础知识 1.1.3 茶叶特征和茶叶分类基础知识
	1.2 绿茶基础	1.2.1 了解绿茶的基本特点，并知道绿茶功效 1.2.2 了解绿茶加工工艺及种类 1.2.3 能简述2个绿茶类名茶	1.2.1 绿茶特点基础知识 1.2.2 绿茶加工工艺基础知识 1.2.3 绿茶类名茶基础知识
	1.3 点茶基础	1.3.1 了解宋代茶文化的发展情况 1.3.2 了解点茶基本概念	1.3.1 宋代茶文化基础知识 1.3.2 点茶基础知识
2. 礼仪规范	2.1 茶器规范	2.1.1 掌握选择茶器的基本原则 2.1.2 掌握使用茶器的规范	2.1.1 干净、安全、合适原则 2.1.2 使用茶器规范
	2.2 茶席规范	2.2.1 掌握布置茶席的基本原则 2.2.2 掌握布置茶席的基本规范	2.2.1 安全、方便、美观原则 2.2.2 布置茶席规范
3. 实践操作	3.1 冲泡绿茶用水	会选择冲泡绿茶用水	冲泡绿茶用水基础知识
	3.2 冲泡绿茶用器	会选择冲泡绿茶用器具	冲泡绿茶用器基础知识
	3.3 冲泡演示	3.3.1 掌握绿茶冲泡要素 3.3.2 掌握绿茶生活茶艺，能正确使用玻璃杯冲泡绿茶	3.3.1 绿茶冲泡三要素基础知识 3.3.2 绿茶玻璃杯冲泡知识

素养方面	认定内容	能力要求	相关知识要求
1. 基础知识	1.1 茶史与茶器	1.1.1 了解古人喝茶方法的改变 1.1.2 了解茶器种类 1.1.3 能说出2个《茶经》中提及的茶器具名称，能简述2个代表性茶器	1.1.1 饮茶历史基础知识 1.1.2 茶器基础知识 1.1.3 代表性茶器基础知识
	1.2 红茶基础	1.2.1 了解红茶的基本特点，并知道红茶功效 1.2.2 了解红茶加工工艺及种类 1.2.3 能简述2个红茶类名茶	1.2.1 红茶特点基础知识 1.2.2 红茶加工工艺基础知识 1.2.3 红茶类名茶基础知识
	1.3 点茶器具	1.3.1 能选出、简述点茶必用茶器 1.3.2 能说出2个《十二先生》中提及的茶器具名称	1.3.1 点茶专用重要茶器 1.3.2 《十二先生》罗列点茶器具
2. 礼仪规范	2.1 仪容	能根据青少儿茶道仪容要求，修饰发型、面部、手部	青少儿茶道仪容常识
	2.2 仪表	能根据青少儿茶道仪表要求，正确着装	青少儿茶道仪表常识
	2.3 仪态	能根据青少儿茶道仪态要求，呈现正确坐姿、站姿、走姿	青少儿茶道仪态常识
3. 实践操作	3.1 冲泡红茶用水	会选择冲泡红茶用水	冲泡红茶用水基础知识
	3.2 冲泡红茶用器	会选择冲泡红茶用器具	冲泡红茶用器基础知识
	3.3 冲泡演示	3.3.1 掌握红茶冲泡要素 3.3.2 掌握红茶生活茶艺，能正确使用盖碗冲泡红茶	3.3.1 红茶冲泡三要素基础知识 3.3.2 红茶盖碗冲泡知识

素养方面	认定内容	能力要求	相关知识要求
1. 基础知识	1.1 茶礼与用水	1.1.1 掌握日常茶礼 1.1.2 知道品茗用水应达到条件 1.1.3 能简述2个中国名泉	1.1.1 茶礼基础知识 1.1.2 品茗用水基础知识 1.1.3 中国名泉知识
	1.2 黑茶基础	1.2.1 了解黑茶的基本特点，并知道黑茶功效 1.2.2 了解黑茶加工工艺及种类 1.2.3 能简述2个黑茶类名茶	1.2.1 黑茶特点基础知识 1.2.2 黑茶加工工艺基础知识 1.2.3 黑茶类名茶基础知识
	1.3 沏茶方法	1.3.1 了解煮茶方法与流程 1.3.2 知道点茶方法与流程 1.3.3 掌握基本的泡茶方法	1.3.1 煮茶方法与流程基础知识 1.3.2 点茶方法与流程基础知识 1.3.3 泡茶方法基础知识
2. 礼仪规范	2.1 茶人礼仪	能根据青少儿茶道茶人礼仪要求，规范使用鞠躬礼、伸手礼、叠手礼、分茶礼等	青少儿茶道茶人礼仪常识
	2.2 茶友礼仪	能根据青少儿茶道茶友礼仪要求，规范使用叩手礼等	青少儿茶道茶友礼仪常识
3. 实践操作	3.1 冲泡黑茶用水	会选择冲泡黑茶用水	冲泡黑茶用水基础知识
	3.2 冲泡黑茶用器	会选择冲泡黑茶用器具	冲泡黑茶用器基础知识
	3.3 冲泡演示	3.3.1 掌握黑茶冲泡要素 3.3.2 掌握黑茶生活茶艺，能正确使用紫砂壶冲泡黑茶	3.3.1 黑茶冲泡三要素基础知识 3.3.2 黑茶紫砂壶冲泡知识

A-4 四级/中级

素养方面	认定内容	能力要求	相关知识要求
1. 基础知识	1.1 茶文化与科学饮茶	1.1.1 了解茶文化五个方面 1.1.2 了解饮茶五个原则	1.1.1 茶文化基础知识 1.1.2 科学健康饮茶基础知识
	1.2 白茶基础	1.2.1 了解白茶的基本特点，并知道白茶功效 1.2.2 了解白茶加工工艺及种类 1.2.3 能简述2个白茶类名茶	1.2.1 白茶特点基础知识 1.2.2 白茶加工工艺基础知识 1.2.3 白茶类名茶基础知识
	1.3 点茶基础	1.3.1 了解点茶法分类 1.3.2 熟悉茶汤点茶法及流程	1.3.1 点茶法分类基础知识 1.3.2 茶汤点茶法及流程
2. 礼仪规范	2.1 茶艺表演	能根据青少儿茶艺表演要求，正确、流畅表演茶艺	青少儿茶艺表演基础知识
	2.2 点茶仪轨	2.2.1 掌握点茶仪轨 2.2.2 能按照茶汤点茶法仪轨表演点茶	2.2.1 点茶仪轨基础知识 2.2.2 茶汤点茶法仪轨基础知识
3. 实践操作	3.1 冲泡白茶用水	会选择冲泡白茶用水	冲泡白茶用水基础知识
	3.2 冲泡白茶用器	会选择冲泡白茶用器具	冲泡白茶用器基础知识
	3.3 冲泡演示	3.3.1 掌握白茶冲泡要素 3.3.2 掌握白茶生活茶艺，能正确使用盖碗冲泡白茶 3.3.3 掌握白茶生活茶艺，能正确使用壶煮老白茶	3.3.1 白茶冲泡三要素基础知识 3.3.2 白茶盖碗冲泡知识 3.3.3 煮老白茶知识
	3.4 点茶演示	掌握茶汤点茶法	茶汤点茶法技法基础知识

素养方面	认定内容	能力要求	相关知识要求
1. 基础知识	1.1 茶文化与茶点	1.1.1 了解三个茶典故 1.1.2 了解茶点分类，及茶点与茶搭配常识	1.1.1 茶典故基础知识 1.1.2 茶点基础知识
	1.2 黄茶基础	1.2.1 了解黄茶的基本特点，并知道黄茶功效 1.2.2 了解黄茶加工工艺及种类 1.2.3 能简述2个黄茶类名茶	1.2.1 黄茶特点基础知识 1.2.2 黄茶加工工艺基础知识 1.2.3 黄茶类名茶基础知识
	1.3 青茶基础	1.3.1 了解青茶的基本特点，并知道青茶功效 1.3.2 了解青茶加工工艺及种类 1.3.3 能简述2个青茶类名茶	1.3.1 青茶特点基础知识 1.3.2 青茶加工工艺基础知识 1.3.3 青茶类名茶基础知识
	1.4 点茶基础	1.4.1 熟悉三汤点茶法及流程 1.4.2 知道茶百戏 1.4.3 了解斗茶 1.4.4 了解非遗传承	1.4.1 三汤点茶法及流程 1.4.2 茶百戏基础知识 1.4.3 斗茶基础知识 1.4.4 非遗传承基础知识
2. 礼仪规范	2.1 点茶仪轨	能按照三汤点茶法仪轨表演点茶	三汤点茶法仪轨基础知识
	2.2 斗茶	2.2.1 能按照斗茶流程参加斗茶 2.2.2 会根据斗茶评比的礼仪类标准提升仪容仪表仪态	2.2.1 斗茶流程 2.2.2 斗茶评比礼仪类标准
3. 实践操作	3.1 冲泡黄茶、青茶用水	会选择冲泡黄茶、青茶用水	冲泡黄茶、青茶用水基础知识
	3.2 冲泡黄茶、青茶用器	会选择冲泡黄茶、青茶用器具	冲泡黄茶、青茶用器基础知识
	3.3 冲泡演示	3.3.1 掌握黄茶、青茶冲泡要素 3.3.2 掌握黄茶生活茶艺，能正确冲泡黄茶 3.3.3 掌握青茶生活茶艺，能正确冲泡青茶	3.3.1 黄茶、青茶冲泡三要素基础知识 3.3.2 黄茶冲泡知识 3.3.3 青茶冲泡知识
	3.4 点茶演示	3.4.1 掌握三汤点茶法 3.4.2 掌握茶百戏 3.4.3 会根据斗茶评比的技艺类标准提升点茶技艺	3.4.1 三汤点茶法技法基础知识 3.4.2 茶百戏技法基础知识 3.4.3 斗茶评比技艺类标准